MISE EN VALEUR

DU

Bassin du Rio São Francisco Moyen

États de MINAS GERAES et de BAHIA (Brésil)

RAPPORT

sur le

VOYAGE D'ÉTUDE

effectué en Août-Septembre 1923

par la

Mission du Syndicat d'Études pour l'Irrigation de la Vallée

du Rio São Francisco (Brésil)

en vue de la culture du coton

MEMBRES DE LA MISSION

MM. G. CARLE, Ingénieur Agronome, Ingénieur en Chef du Génie Rural au Ministère de l'Agriculture, à Paris.

V. CAYLA, Ingénieur Agronome.

A. METTLER, Ingénieur hydraulicien.

PARIS, DÉCEMBRE 1923

PARIS

IMPRIMERIE ET LIBRAIRIE CENTRALES DES CHEMINS DE FER

IMPRIMERIE CHAIX

SOCIÉTÉ ANONYME AU CAPITAL DE TROIS MILLIONS

Rue Bergère, 20

1924

MISE EN VALEUR

DU

Bassin du Rio São Francisco Moyen

États de MINAS GERAES et de BAHIA (Brésil)

RAPPORT

sur le

VOYAGE D'ÉTUDE

effectué en Août-Septembre 1923

par la

Mission du Syndicat d'Études pour l'Irrigation de la Vallée

du Rio São Francisco (Brésil)

en vue de la culture du coton

MEMBRES DE LA MISSION :

MM. G. CARLE, Ingénieur Agronome, Ingénieur en Chef du Génie Rural au
Ministère de l'Agriculture, à Paris.

Y. CAYLA, Ingénieur Agronome.

A. METTLER, Ingénieur hydraulicien.

PARIS, DÉCEMBRE 1923

PARIS

IMPRIMERIE ET LIBRAIRIE CENTRALES DES CHEMINS DE FER

IMPRIMERIE CHAIX

SOCIÉTÉ ANONYME AU CAPITAL DE TROIS MILLIONS

Rue Bergère, 20

1924

Avant d'aborder le sujet, nous voulons exprimer ici toute notre respectueuse gratitude pour leur aimable accueil à :

Son Excellence le docteur Arthur da Silva Bernardes, Président des États-Unis du Brésil et à Leurs Excellences le docteur Manuel Calmon du Pin e Almeida, ministre de l'Agriculture, et le docteur Francisco Sà, ministre des Travaux Publics, à Rio ;

Son Excellence le docteur Rafael Soares Mioura, Président de l'État de Minas-Geraes et à Son Excellence le docteur Daniel de Carvalho, secrétaire pour l'Agriculture, à Bello-Horizonte.

En plus des nombreuses personnalités publiques et privées du Brésil, dont la bienveillance a grandement facilité notre tâche, nous tenons à remercier tout spécialement le docteur Geraldo Rocha pour l'intérêt qu'il a porté aux travaux de notre Mission et pour les facilités morales et matérielles que ses relations étendues et son amabilité nous ont procurées.

Nous n'avons eu qu'à nous féliciter du choix que le Gouvernement Fédéral a fait en la personne du docteur Octavio Barboza Carneiro comme délégué du gouvernement auprès de notre Mission. Par sa compétence et sa profonde connaissance de la région, par ses conseils et par les documents qu'il a bien voulu porter à notre connaissance, il nous a évité bien des difficultés : nous l'en remercions ici bien sincèrement.

MISE EN VALEUR

DU

Bassin du Rio São Francisco Moyen

États de MINAS GERAES et de BAHIA (Brésil)

RAPPORT

sur le

VOYAGE D'ÉTUDE

effectué en Août-Septembre 1923

par la

Mission du Syndicat d'Études pour l'Irrigation de la Vallée du Rio São Francisco (Brésil)

en vue de la culture du coton

CHAPITRE PREMIER

Étude de la région. = Son état actuel.

La région faisant l'objet de la présente note comprend la partie du bassin du Rio São Francisco située au point de vue géographique entre les latitudes extrêmes de 11° 00′ S. et 18° 00′ S. et les longitudes extrêmes de 43° 00′ W. Gr. et 46° 45′ W. Gr. Elle englobe, au point de vue politique, le nord de l'État de Minas-Geraes et l'ouest de l'État de Bahia.

On ne peut disposer actuellement, en fait de documents cartographiques à grande échelle, que de la carte de l'État de Minas-Geraes au 1.000.000ᵉ publiée en 1922. Elle est assez exacte au point de vue hydrographique; mais quant à la topographie du pays, elle ne peut naturellement en donner qu'une idée d'ensemble assez vague.

Le profil en travers qui figure aux annexes servira à préciser la configuration du terrain. On y trouvera une coupe schématique de la vallée du São Francisco moyen, avec les dénominations topographiques, géologiques, botaniques et hydrologiques correspondantes.

Si nous passons à la *météorologie de la région*, les chiffres suivants nous permettront ensuite de définir le climat :

Température moyenne de l'année . . 22° C.
    —   —   des maxima . 31° C.
    —   —   des minima . 15° C.
    —   absolue maxima . . . 39° C. en novembre.
    —   —   minima. . . . 6,4° C. en juin.
Humidité relative maxima . . . . . 93 0/0 en janvier.
    —   —   minima . . . . . 78 0/0 en septembre.
Hauteur des pluies totale de l'année. 1.065 $^{m}/_{m}$.
    —   —   moyenne pour le mois le plus pluvieux. . . . . . . 229 $^{m}/_{m}$ en décembre.
    —   —   moyenne pour le mois le plus sec. 1 $^{m}/_{m}$ en juin.
    —   —   totale pour la saison des pluies. . 1.000 $^{m}/_{m}$ (7 mois).
    —   —   totale pour la saison sèche. . . . 65 $^{m}/_{m}$ (5 mois).
    —   —   maxima en 24 h. 150 $^{m}/_{m}$.
Évaporation totale par an . . . . . 1.000 $^{m}/_{m}$.

Le *climat*, caractérisé par les chiffres précédents, est nettement tropical et continental.

Il se distingue, au point de vue du *régime thermique*, par une température moyenne élevée, avec une amplitude de la variation annuelle d'environ 4° C. seulement, tout en ayant des minima très prononcés en hiver et des maxima élevés pendant toute l'année.

Son *régime pluviométrique* est le suivant : sept mois de saison des pluies (été), d'octobre à avril, et cinq mois de saison sèche (hiver), de mai à septembre. Cette division est celle qui résulte des moyennes météorologiques ; elle ne fait donc pas ressortir l'irrégularité des pluies et l'importance de la saison sèche, qui peut se prolonger pendant neuf mois de l'année. Les hautes moyennes de température qui l'accompagnent ne font qu'en accentuer les conséquences.

Serra do Repartimento.   Vallée du São Francisco.

VUE DU CAMPO DES HAUTS-PLATEAUX.

Campo Grande.   Vallée du Paracatú.

VUE DU CERRADO.

La carte pluviographique indique la diminution de la hauteur totale des pluies vers le nord et montre que, d'une façon générale, on peut considérer le bassin du Rio São Francisco comme la prolongation vers le sud de la région à climat semi-aride du nord-est du Brésil, climat dont les extrêmes s'atténuent progressivement à mesure que l'on remonte vers les sources de ce fleuve.

Dans son ensemble, le *relief du sol* de cette partie du Brésil, tel que le montre la coupe schématique, se présente sous un aspect d'une remarquable uniformité. Cette région est enclavée entre deux suites de chaînes de montagnes à direction générale nord-sud, dont les principales sont : à l'est, la « Serra do Espinhaço », et « Serra do Mar », et à l'ouest, la série des « Serras », ou « Cordilheira das Vertentes », qui forment la frontière avec l'État de Goyaz. Sa configuration permet de la diviser, tant au point de vue hypsométrique que botanique, en trois zones bien distinctes :

a) La zone des hauts-plateaux (« Chapadas ou Chapadões ») ; cote + 580 mètres environ et au-dessus ;

b) La zone des plateaux (« taboleiros ») ; cote + 480 mètres et au-dessus ;

c) Les thalwegs, avec leurs plaines marginales (« vargedos »), qui forment le lit majeur des cours d'eau ; cote + 480 mètres et au-dessous.

A. — Les « Chapadas » ou « planaltos », souvent appelées aussi à tort « Serras », constituent le faîte des eaux entre les différents bassins versants. Celui-ci n'est pas constitué, comme dans les chaînes montagneuses, par une arête bien définie ; mais bien plus souvent par un vaste dos arrondi. C'est sur ces hauts-plateaux que prennent leur source (« Vereda ») les différents affluents du Rio São Francisco.

Leur masse est formée d'une manière générale de roches sédimentaires archéennes, cristallines, microgrenues, très dures (schistes et grès), qui se présentent en bancs presque horizontaux, de 0^m,60 à 1 mètre d'épaisseur, divisés en blocs par de nombreuses diaclases verticales.

Le sol qui porte la végétation, dépourvu de terre végétale au sens agrologique du mot, est une arène siliceuse, produit de décomposition de la roche sous-jacente. Sa couleur varie du blanc ou jaunâtre au rouge brique. Son épaisseur est parfois fort réduite et les affleurements de la roche sont nombreux. Sa caractéristique physique prédominante est sa perméabilité, ce qui, avec la faible pente du terrain, explique le peu d'importance des érosions. On peut le classer parmi les sols éluviaux.

B. — Les « *Taboleiros* » ou plateaux, qui viennent ensuite comme élément constitutif du relief du sol, semblent être les témoins actuels de vastes plaines qui auraient couvert le reste de la région à 400 mètres environ au-dessous du niveau des hauts plateaux, et entre ces derniers. Ces plaines primitives ont été beaucoup plus travaillées par l'érosion : le Rio S. Francisco et ses affluents les ont modelées en y creusant leur lit. Il n'en reste plus actuellement que les « taboleiros » proprement dits : larges croupes qui s'allongent par endroits perpendiculairement au thalweg des grandes rivières et qui en fixent les méandres.

Leur constitution géologique est sensiblement la même que celle des hauts plateaux ; mais la couche d'arène est beaucoup plus puissante et plus argileuse. Elle dépasse parfois 20 mètres et est recouverte à la surface d'une couche plus dure d'une trentaine de centimètres.

Cette pénéplaine constitue, si nous ne la considérons qu'au point de vue topographique, la plus grande partie des vallées proprement dites. C'est dans la zone limitrophe avec le haut plateau et à leur descente de celui-ci que les affluents secondaires et sous-affluents du Rio S. Francisco forment les nombreuses petites chutes (« Cachoeiras ») qui sont une des caractéristiques les plus remarquables de la physionomie du pays.

C. — Les *Thalwegs.* — Dans l'état actuel de l'érosion fluviale, les thalwegs du Rio S. Francisco et de la plupart de ses principaux affluents sont divisés en sections bien définies par des ruptures de pentes causées par des seuils rocheux.

Pour le Rio S. Francisco, celle qui nous intéresse ici est limitée à l'amont par les rapides de Pirapóra et à l'aval par ceux du Sobradinho avant Joazeiro, soit 1.328 kilomètres de longueur.

Pour le Rio Urucuia, la première section comprend les premiers 40 kilomètres de son cours, depuis son confluent avec le S. Francisco jusqu'aux rapides de Pedrinhas, en amont desquels se trouvent encore de très nombreux seuils rocheux.

Sur le Rio Paracatu, nous ne rencontrons qu'au kilomètre 120 les

Serra do Cabral.   Rio das Velhas.

CHEMIN DANS LA CAATINGA.

Corrego Sumidouro.   Vallée du Paracatú.

AFFLEUREMENT DE GRÈS.

premiers rapides dignes de mention, eux aussi suivis de plusieurs autres.

Les Rio Verde, Carinhanha et Corrente possèdent également des rapides.

Tous ces seuils, formés de grès violacés (à Pédrinhas ils sont remplacés par des schistes calcaires bleutés) tendent à régresser par suite de l'érosion tourbillonnaire, qui est du reste fortement facilitée par les fissures de ces roches.

Ce sont les dépressions existant à l'époque quaternaire entre ces barrières rocheuses que les rivières ont comblées avec leurs alluvions pour y creuser par la suite leur lit, tout en les inondant encore pendant la période des crues annuelles. Nous y trouvons, sous une couche de limon récent dont l'épaisseur s'accroît annuellement, des couches de limon argilo-siliceux alternant avec des bancs de sable. On reconnaît, à mesure qu'on descend vers le niveau piézométrique d'étiage, une concentration argileuse (« tauá ») et une tendance vers l'imperméabilité que prouve par endroits l'apparition de suintements (« bicas »).

C'est un sol alluvial, dans son ensemble perméable; mais qu'un alluvionnement prolongé a rendu localement imperméable, par exemple dans les cuvettes (« varzeas ») où s'accumule l'eau des pluies; mais qui sont complètement asséchées en hiver.

On peut observer des crevasses importantes dans ces limons, mais seulement sur des berges dénuées de végétation.

Si pour résumer le relief du sol de la contrée nous en donnons une vue prise à vol d'avion, nous voyons une région d'une uniformité frappante, parce qu'elle a traversé les différentes périodes géologiques dans un calme presque absolu. Les roches sédimentaires, qui couvrent une aire énorme, conservent encore la position presque horizontale, qu'elles avaient au moment où elles émergèrent des eaux pour former à l'époque secondaire la terre brésilienne du continent de Gondwana. On sent en l'étudiant la force d'inertie de cette carapace restée immobile pendant un temps incalculable et que seuls les agents atmosphériques ont peu à peu entamée.

A cette physionomie uniforme du sol correspond aussi une *flore* d'une grande homogénéité.

Nous avons indiqué, sur le croquis correspondant, les facies botaniques qui correspondent à chaque dénomination topographique. Nous donnons ici une courte explication des termes brésiliens locaux :

DÉNOMINATIONS	
BRÉSILIENNES	FRANÇAISES
Campo limpo.	Savane ou paysage de parc. Association herbacée ouverte, xérophile, avec arbres disséminés, sclérophylles.
Campo cerrado ou Cerrado. . . .	Brousse tropicale. Association ouverte mixte, xérophile.
Cerradão.	Brousse tropicale. De même que le faciès précédent ; mais avec la partie arbustive beaucoup plus développée, dense et élevée.
Caatinga.	Bois tropical. Association forestière fermée, tropophile. Arrêt de la végétation pendant la saison sèche, feuilles caduques. Lianes ligneuses.
Matto Grosso ou Matto.	Forêt galerie. Association forestière fermée, hygrophile. La majeure partie des espèces à feuilles persistantes. Lianes ligneuses.
Vereda	Association mixte, ouverte, hygrophile.
Varzea	Association herbacée, ouverte, hygrophile.

Dans ses grandes lignes, la végétation est d'autant plus dense que l'on s'approche plus des terrains bas et humides, l'herbe étant peu à peu remplacée par les arbres.

Les bancs de sable (coroas) des rivières et la partie des berges comprises entre le niveau des maigres et des crues sont généralement dépourvus de végétation. Les lagunes (lagoas) riveraines, en tant que pérennes, sont pourvues d'une flore aquatique abondante. Par contre, la superficie des cuvettes (varzeas), formant lagunes pendant la saison des pluies seulement, se couvrent d'un tapis d'herbes tendres après l'évaporation des eaux.

Au point de vue de l'aspect, si, dès les premières pluies, toute la région se couvre d'un manteau de verdure, pendant la saison sèche, au contraire, seule la végétation du « matto » conserve un aspect verdoyant qui contraste violemment avec la teinte gris-cendre que donnent au « cerrado » ses troncs à l'écorce rugueuse, en grande partie dénués de feuilles et ses touffes d'herbes desséchées par le soleil.

Si nous passons à l'étude du *système hydrologique* de la région, nous voyons que les débits d'étiage sont assurés par les sources des affluents qui se trouvent, comme indiqué précédemment, sur les hauts-plateaux et qui suintent des grès ou des calcaires. Dès l'apparition des premières pluies d'été dans son bassin supérieur, le niveau du Rio S. Francisco commence à monter et ses eaux deviennent très troubles. C'est le ruissellement qui, pendant l'été, fournit environ le 80 0/0 du volume des hautes eaux.

Hormis les seuils rocheux, déjà mentionnés, et quelques affleurements de la roche sous-jacente sur les berges, le lit des rivières est formé de sable et de gravier fin.

Leur régime est caractérisé par la puissance et l'irrégularité des crues d'été. Le niveau du Rio S. Francisco peut dépasser, par endroits, de 8 mètres le plan d'étiage et son débit atteindre dix fois celui des plus basses eaux.

La pente moyenne du :

Rio S. Francisco de Pirapóra à Guaicuhy est de . . . . . 0.27 $^o/_{ooo}$

—   —   à Barra est de. . . . . . . 0.072 $^o/_{ooo}$

Rio das Velhas de Sabará à Guaicuhy est de . . . . 0.394 $^o/_{ooo}$

—   de Varzea da Palma à Guaicuhy est de . 0.25 $^o/_{ooo}$

Rio Paracatú de Barra do Paracatú à Cachoeira Grande est de . . . . 0.15 $^o/_{ooo}$

D'après les indications obtenues sur place et nos estimations personnelles nous considérons prudent d'admettre provisoirement les débits minima suivants :

Rio S. Francisco à Pirapóra. . . . . (200) m. c./sec.

Rio S. Francisco en amont de Guaicuhy. 210   —

Rio das Velhas   —   — 90   —

Rio Jequitahy à son confluent. . . . .   20 m. c./sec.

Rio Paracatú   —   150   --

Rio Urucuia   100   --

Rio Pardo   25   --

Rio dos Pandeiros.   10   —

Rio S. Francisco à Januaria.   605   m. c./sec.

Rio Verde, Carinhanha, Corrente, Grande et autres
afffluents jusqu'à Joazeiro. . . . . ⊢ 195   --

Rio S. Francisco à Joazeiro (Km. 1.369).   800   m. c./sec.

Ce dernier chiffre correspond à l'année 1909, de sécheresse excep-
tionnelle.

Nous estimons que pour laisser une *quantité* suffisante *d'eau* dans le
Rio S. Francisco canalisé on ne peut au maximum détourner pendant
la période des irrigations qui correspond à la saison sèche d'hiver, que
le tiers du débit du fleuve lui-même et de ses affluents, c'est-à-dire
265 mètres cubes/sec. jusqu'à Joazeiro. Cela suppose une simple utilisation du débit naturel d'étiage. L'établissement de barrages réservoirs
qui intéresserait surtout les provinces riveraines de la partie aval de ce
grand fleuve pourrait augmenter notablement cette quantité.

La distribution exacte de cette cote de 265 mètres cubes exigerait une
étude préalable de la distribution des terres irrigables, dans le bassin
versant du S. Francisco.

Quant aux *terres inondées périodiquement*, ou « vargedos » et « alagadiços » elles correspondent grosso modo en plan à la zone couverte de
« matto ». Ces plaines marginales, qui peuvent ne pas exister aux
endroits où les rivières coulent au pied de promontoires (« espigôes »),
augmentent d'importance en descendant et peuvent atteindre jusqu'à
20 kilomètres de largeur, avec une moyenne de quelques kilomètres.
Le géologue Horace Williams, du Service Fédéral, estime leur superficie dans l'État de Minas sur la rive droite du fleuve à 2.500 kilomètres
carrés et dans l'État de Bahias à 6.460 kilomètres carrés et à au moins
autant sur l'autre rive.

Nous ne pouvons pas préciser par des chiffres l'importance des
matières contenues dans *l'eau* des rivières, mais nous avons pu cons-
tater que l'eau des Rio das Valhas et S. Francisco est, pendant la saison

Pirapóra.   Rio São Francisco.

Les rapides pendant l'étiage.

Fazendá Jatobá.   Rio São Francisco.

Partie supérieure de la chute du Rio Jatoba.

sèche, beaucoup plus trouble que celle des autres cours d'eau parcourus. Elle contient en tous cas une forte proportion de matières organiques en suspension, visibles à l'œil nu.

Le périmètre mouillé du lit mineur est recouvert de limon et de matières en décomposition, ce qui indiquerait qu'ils se déposent déjà à une vitesse de 1.50 mille heure ou 0.76 mètres sec. (chiffre déduit de la marche du canot automobile en descendant et en remontant le fleuve : c'est la moyenne pendant l'étiage entre Pirapóra et Januaria). Ces dépôts ne peuvent que posséder une haute valeur comme fertilisants.

Actuellement le *bassin* du S. Francisco n'est *occupé* que par des propriétaires de latifundia. Ils ne se vouent qu'à l'élevage, principalement des bovins, industrie extensive par excellence. *Les cultures* de maïs, riz, haricots, manioc et canne, dont les deux dernières seules atteignent quelque développement, n'occupent qu'une place bien secondaire dans l'économie de cette région. Le coton, cultivé d'une façon sporadique, n'a une réelle importance que dans le municipe de Januaria. Ce produit demande cependant, à cause de son importance future, à être étudié de plus près.

Sans que, faute de statistiques, on puisse donner des chiffres, on sait que le Brésil produit des quantités importantes de *coton* qui, pour la plus grande part, est transformé dans ses filatures et ses tissages (au nombre de 243 en 1922).

La surface sur laquelle se répartissent actuellement les centres de production — il semble probable qu'elle puisse un jour s'étendre vers l'intérieur, notamment dans les États de Goyaz et de Matto Grosso — est considérable puisqu'elle s'étend depuis l'État de Pará jusqu'au Nord de l'État de Paraná soit sur environ 22 degrés de latitude. On y distingue généralement deux zones principales. Celle dite « du Nord-Est », comprend les centres producteurs des États de Pará, de Maranhão, de Piauhy, de Ceara, de Parahyba do Norte, de Pernambuco, d'Alagoas, de Sergipe, de Bahia et du Nord de Minas Geraes (ces derniers formant plutôt transition entre les deux zones). Celle dite « de Sâo-Paulo » avec des centres dans le Sud de Minas Geraes et le Nord de Paraná.

Le rio São Francisco prend naissance dans le Nord de cette dernière zone et l'on peut dire que pour la plus grande partie de son cours, pratiquement la production cotonnière s'effectue à l'Est de sa vallée. Il n'y a exception que pour les quelques centres de Goyaz, le Municipe de Januaria (Minas Geraes) et quelques vallées d'affluents dont la principale est celle du rio Grande (Bahia). Ce n'est que vers 10 degrés Sud de latitude, quand son cours s'infléchit nettement vers l'Est, que l'on trouve sur les terres à sa gauche les centres importants de l'Est de Piauhy, de Pernambuco et d'Alagôas.

En réalité la plus grande partie du rio São Francisco jusqu'à Joazeiro se trouve située entre les deux grandes zones productrices. Quelqu'intéressants que soient les centres du Nord de Minas Geraes et de Bahia (d'ailleurs les plus aberrants de la zone Nord) ils ne sont que secondaires ; ils n'arrivent pas à suffire à la consommation des filatures de ces deux États qui doivent importer de la fibre des États voisins.

Une autre caractéristique du rio São Francisco, c'est que, dans sa vallée proprement dite, on ne cultive guère le cotonnier. Les quelques champs qu'on y trouve actuellement peuvent être négligés en raison de leur peu d'importance. La vallée même du fleuve n'est pour le coton qu'une voie de communication et non un lieu de production.

En somme, une grande partie du Haut Rio São Francisco, notamment presque tout son cours navigable, peut être considéré comme en marge de la grande production cotonnière actuelle du Brésil. L'étude des conditions de production dans cette vallée va nous expliquer pourquoi.

Le rio São Francisco prend naissance à une latitude voisine de 20 degrés 15 Sud, à environ 700 kilomètres à l'Ouest de l'Atlantique. La direction générale de son cours est S.S.O.-N. N. E, c'est-à-dire sensiblement parallèle à la côte depuis sa source jusqu'à Remanso où elle devient S.O.-N.E. jusqu'à Cabrobó et ensuite N.O.-S.E. jusqu'à la mer. Sur les quelques 3.000 kilomètres de son cours, environ 2.400 kilomètres sont navigables : entre Pirapora (Minas Geraes) et Joazeiro (Bahia) la navigation à vapeur est à peu près régulière (1.369 kilomètres) de même sur 230 kilomètres environ de Piranhas à l'embouchure, dans la partie où le fleuve sert de limite entre les États de Sergipe et d'Alogôas. Pour le reste, entre Joazeiro et Jatobá, la navigation à vapeur est intermittente, possible seulement quand la hauteur des eaux est suffisante, si aventurée à l'étiage qu'elle devient pratiquement nulle.

Fazenda da Novilha.   Vallée du Paracatú.

VEREDA ET PALMIERS BURITYS.

Cachoeira Grande.   Rio Paracatú.

LES RAPIDES VERS L'AMONT.

Entre l'Océan et le fleuve principal s'étend une sorte de plateau à déclivité douce vers l'Ouest, depuis la partie culminante, assez proche de la mer, plateau assez accidenté, creusé de vallées, relevé de petites chaînes d'altitude variable, mais généralement faible (au plus quelques centaines de mètres) au-dessus du niveau du plateau. Si on excepte le rio das Velhas et le rio Verde Grande, dont les cours suivent d'ailleurs la même direction que le rio São Francisco et s'agrémentent de rapides, on peut dire que les affluents de droite sont peu importants et entament peu profondément le plateau oriental. Par eux ne peut pas s'établir une liaison avec les fleuves côtiers des États voisins, lesquels ne sont du reste navigables (quand ils le sont) que dans la partie inférieure de leur cours.

De tout ceci — direction du fleuve ; rapides ; absence d'affluents importants à droite — résulte que la plus grande partie du bassin du São Francisco, en particulier celle que nous avons étudiée se trouve sans communication naturelle avec la mer. Il a fallu en créer d'artificielles sous forme de deux voies ferrées à chacune des extrémités du bief navigable, l'une de Pirapora à Rio-de-Janeiro (1.006 kilomètres), l'autre de Joazeiro à Bahia (575 kilomètres) de même qu'on a doublé la chute de Paulo Affonso et la « corredeira » qui la précède par une voie ferrée de 116 kilomètres entre Jatobá et Piranhas.

Le cotonnier n'a été cultivé dans la vallée même du S. Francisco, en 1923, qu'à titre tout à fait exceptionnel. Nous avons bien trouvé quelques touffes isolées de cotonnier arbustif dans des terres alluvionnaires. Presque toujours, on nous a dit en avoir cultivé, mais pas cette année, ou avoir l'intention d'en cultiver prochainement. En réalité, comme nous l'avons déjà dit, les centres importants de culture sont situés dans l'intérieur, à 10, 20, 30 lieues (la lieue est d'environ 6 kilom.) et plus des villes du rio São Francisco, où se concentre le coton pour gagner les filatures. Nous avons néanmoins pu voir des champs, notamment à quelques kilomètres de Januaria. Cultures très défectueuses, par suite de l'ignorance des cultivateurs; nous y avons trouvé, dans le champ, le mélange le plus intime de variétés diverses : variétés arbustives et variétés annuelles, cotonnier « Rim de Boi », « Verdão », « Quebradinho » et croisements de ces diverses variétés, le produit de toutes ces sortes étant recueilli en même temps et mélangé. Le champ est à peine nettoyé et entre les cotonniers est planté du maïs, même du ricin. Ce sont là des conditions déplorables, au point de vue technique, probablement générales dans les centres producteurs de l'inté-

— 14 —

rieur, car, sauf rares exceptions, le coton que nous avons vu, soit dans les usines d'égrenage, soit chez les commerçants de la vallée, comporte les défauts d'une récolte obtenue de cultures de ce genre.

Au dire des agriculteurs de la vallée, ce qui les empêche de faire du coton, c'est l'irrégularité des chutes de pluie, d'une part, de l'inondation, d'autre part (ceci étant commun à toutes les cultures) ; ce sont encore les attaques du « ver rose », chenille d'un lépidoptère (Gelechia gossypiella), qui cause de grands dégâts ; ce sont aussi les variations du prix de la fibre qui ne laissent pas la certitude d'un bénéfice suffisant pour rémunérer les soins. Cette dernière cause paraît de beaucoup la plus importante, au dire de très nombreuses personnes interrogées au cours du voyage. On nous a annoncé généralement que cette année (1923-24), les cultures seraient beaucoup plus développées ; les prix actuels du marché incitent les producteurs à renouveler leurs efforts de 1921-22, conséquence de la propagande de 1921, et abandonnée en 1922-23.

Les variétés cultivées dans la région sont :

1° Le « Rim de Boi » (appelé aussi « Inteiro » et ailleurs « Creoulo »), cotonnier arbustif dont les graines, lisses et noires, sont solidement agglomérées, et la fibre blanche, courte (moyenne 25-28 ᵐ/ᵐ), résistante. C'est cette dernière qualité qui lui procure localement une certaine demande pour faire des tissus communs, solides. Son rendement à l'égrenage est mauvais. La moyenne qu'il donne à l'usine de Pirapora est 25,3 0/0, mais il arrive que ce rendement tombe à 18 0/0.

C'est pour cette raison qu'à poids égal de coton-graine, il subit à Pirapora une dépréciation sur les autres sortes de coton. Dans les mélanges, sa plus ou moins grande abondance fait plus ou moins baisser le rendement à l'égrenage. D'ailleurs, les égreneuses à scies ordinaires, en raison de la disposition spéciale des graines, ne semblent pas très appropriées. Il est fréquent que ce coton n'ait pas des fibres homogènes, qu'il ne soit pas pur, que sa fibre soit colorée en brun (croisement avec le coton « macaco »).

2° Le « Verdão », également cotonnier arbustif à semences revêtues d'une pilosité verte ou bleu-vert (« azul », « azulão »). Il semble qu'il y ait des variétés à fibres longues et d'autres à fibres courtes. Nous ne croyons pas en avoir vu de variétés pures, mais seulement des produits de croisements spontanés. Nous ne pouvons en donner des caractéristiques, car ce coton arrive aux usines d'égrenage mélangé aux divers « herbacéos » et nous n'avons pu nous en procurer d'échantillons. Néanmoins, ce type de coton paraît intéressant à améliorer.

3° Le « Quebradinho » ou « maranhão » ou parfois « Creoulo », autre cotonnier arbustif, a de petites semences noires, glabres, portant des fibres fines de 25 à 32 ^{m}/$_m$. Dans les dépôts des usines d'égrenage de la vallée, nous l'avons toujours trouvé mélangé aux autres variétés. C'est sans doute un « Gossypium barbadense » ; mais, dans la région, la fibre ne conserverait pas la qualité qui fait la réputation du « Moco » et des variétés d'Égypte.

4° Les « Herbaceos ». Sous ce nom, on désigne des cotonniers annuels, la plupart de provenance nord-américaine plus ou moins lointaine, parmi lesquels se trouve sûrement le « Russel Big Boll ». Il n'y a toujours pas d'homogénéité, mais de nombreux croisements. La graine est couverte d'une pilosité gris-jaunâtre, la fibre courte (20 à 30 ^{m}/$_m$), le rendement à l'égrenage d'environ 30 0/0. On a généralement ces « herbaceos » mélangés avec les autres variétés.

5° Pour mémoire, nous citerons le coton « macaco », heureusement peu répandu, qui, d'après Edward Green, serait le « Gossypium mustelinum », sans valeur pratique. Sa fibre courte, grossière, sans homogénéité, brune, est rude et laineuse. Il a le grave défaut de détériorer les autres variétés en se croisant avec elles et on trouve encore de trop nombreux exemples de ces croisements dans les égrenages du haut São Francisco.

Dans la région, on cultive surtout les cotonniers arbustifs. Quand on s'adresse aux « herbaceos » qui sont, par nature, des cotonniers annuels, on les laisse en terre deux ou trois ans.

Comme nous l'avons dit, le coton se plante rarement seul dans le champ. On intercale presque toujours des rangées de cotonniers et des rangées d'autres plantes, surtout du maïs. et ceci est défectueux au point de vue technique de la production cotonnière. Économiquement, ce mélange peut présenter des avantages. Il faut alors, de préférence, choisir le haricot ou une autre légumineuse ou, à leur défaut, le maïs.

Les maladies cryptogamiques sont ici d'importance nulle sur le cotonnier. Il n'en est pas de même de certains parasites animaux et notamment du « ver rose ». Par sa larve, cet insecte provoque des dégâts parfois considérables.

Si l'on excepte l'usine de la « Compania Industria e Viação de Pirapora », établie sur les plans d'une moderne usine nord-américaine, l'égrenage dans la vallée du São Francisco, se fait par des petits établissements rudimentaires. On en trouve dans presque toutes les villes, montés par des commerçants, et ils présentent tous les mêmes défauts, à des degrés différents, il est vrai. Tous sont pourvus d'égreneuses à scies, d'importance variable, mues soit par des moteurs, soit par un manège qu'actionne des animaux, et dépourvues d'alimenteurs, de nettoyeurs, de condenseurs. Les scies, généralement mal affûtées, font un mauvais travail : ce n'est pas toujours la faute du patron ; certains nous ont exposé l'impossibilité où ils se trouvaient soit de faire affûter leurs scies, soit de s'en procurer de nouvelles. La matière qu'elles travaillent est un mélange de variétés de coton sain et parasité. Fréquemment, on mélange pour l'égrenage des lots différents et de valeur différente.

Le pressage, d'une manière générale, est médiocre ; les presses fonctionnent à la main ou par un manège et l'emballage laisse bien souvent à désirer.

Nous n'entendons parler ici que du commerce du coton. Dans les diverses agglomérations qui se rencontrent sur le fleuve, on reçoit, égrené ou non, le coton produit dans les centres de l'intérieur. Suivant les cas et les régions, on égrène avant l'expédition ou bien on envoie le coton-graine. Ainsi, de la partie supérieure du fleuve ou de certains de ses affluents, arrive à Pirapora du coton-graine que travaille l'usine de la C. I. V. P. Généralement, on embarque sur les vapeurs du fleuve du coton-fibre, égrené soit dans les centres producteurs de l'intérieur, soit dans les localités en bordure du fleuve. Dans ce dernier cas, les propriétaires d'égrenage sont souvent les intermédiaires acheteurs de fibre. Ces intermédiaires de la vallée opèrent soit pour leur compte, soit comme correspondants des filatures ou de la C. I. V. P. Ils ont alors reçu des avances soit en argent, soit en marchandises. Ce crédit est limité à une somme peu élevée et n'est renouvelé que lorsque le destinataire a reçu la marchandise ou tout au moins l'assurance, par la Compagnie de transports, que le coton est confié à ses soins. (Cette méthode est pratiquée pour tous les produits exportés.)

L'intermédiaire de la vallée traite avec le producteur. Il achète, plus ou moins au cours de Rio de Janeiro, pour la zone « Mineira » du São Francisco. Mais il ne tient pas compte de la qualité : bon ou mauvais, propre ou souillé, mélangé ou non, le coton est payé le même prix : le producteur n'a donc pas intérêt à s'attacher à la qualité. Ce n'est qu'à Bahia, pour le coton qui va à ce centre consommateur, qu'on fait une petite distinction entre :

coton normal ou de première;

de deuxième, qui subit une dépréciation de 10 0/0 sur le premier;

de troisième, avec dépréciation de 20 0/0.

Le résultat est que si l'accroissement des frais de transport est inférieur à la réduction de prix subie par la marchandise, les cotons de deuxième et surtout de troisième, produits en territoire de Bahia, vont vers Minas Geraes, où on ne fait pas cette distinction.

Il est rare qu'il y ait des contrats entre le commerçant-acheteur et le producteur. Le cas se rencontre cependant : le négociant fait une avance d'argent ou de semences et doit être payé en récolte jusqu'à concurrence de la valeur de l'avance.

Pour le coton produit surtout en dehors de la vallée proprement dite du São Francisco, on doit d'abord compter avec la consommation locale, aussi bien du « sertão » que de la vallée même. Presque partout les femmes filent le coton du pays avec le rouet et tissent à la maison, avec un métier rudimentaire, des étoffes grossières et résistantes dont se vêtent les habitants de toute la région. Dans les villages de la vallée, il n'est pour ainsi dire pas de maison où l'on ne voie les femmes fabriquer à la main de la dentelle de coton. La superficie du territoire où se pratiquent ces usages est fort vaste, en sorte que, malgré une densité de population assez faible, la consommation locale et domestique de fibre de coton doit être importante. Pour le Brésil entier, on l'a estimée à 80.000 balles annuellement. Il est certain que la région qui nous occupe compte pour une grande part dans cette consommation intérieure qu'on pourrait appeler « invisible ».

Le coton exporté prend le chemin soit de Bahia (par Joazeiro), soit de Bello Horizonte ou Rio de Janeiro (par Pirapóra) : le choix est déterminé par la distance et les frais de transport. Bom Jesus de Lapa envoie encore à Pirapóra (621 kilomètres) le coton qu'elle reçoit de la région de Riacho Santa Anna. Mais Rio Branco (ex-Urubú), à 703 kilomètres de Pirapora et 666 kilomètres de Joazeiro, expédie à cette dernière place le coton qu'elle entrepose. C'est également à Joazeiro que va la production cotonnière de la haute vallée du rio Corrente, dont le confluent se trouve entre Lapa et Rio Branco. Il est vrai qu'un service direct de vapeurs relie Santa-Maria et Joazeiro.

Il ne semble pas que du coton de la région qui nous occupe soit exporté du Brésil sur l'étranger. Sa qualité, du reste, rend la chose improbable. La fibre qui passe par Pirapóra est en majeure partie destinée à Bello Horizonte. Sa quantité varie beaucoup avec les années, comme le montrent les chiffres suivants :

1916.	494.942 kilogrammes.
1917.	612.454 —
1918.	234.093 —
1919.	147.776 —
1920.	532.999 —

Les faibles productions ont pour cause une baisse de prix du coton, mais surtout la hausse d'autres produits agricoles, pour lesquels on délaisse alors le coton.

Le coton emballé est apporté des centres producteurs jusqu'aux villes de la vallée du São Francisco à dos de mulets. Lorsque des champs sont assez proches, comme à Januaria, le coton en graines arrive au marché de la ville chargé sur des « carros de bois ».

Le transport sur le fleuve se fait par les vapeurs de deux Compagnies de navigation chargées du service, qui souvent remorquent un ou deux grands chalands ; plus rarement, le parcours est effectué sur les grandes barques avançant à la perche ou à la rame, parfois avec l'aide de voiles, qui sont caractéristiques du rio São Francisco.

Entre Pirapóra et Bello Horizonte, comme entre Joazeiro et Bahia, c'est la voie ferrée qui est utilisée.

En ce qui concerne le transport sur le rio São Francisco, une difficulté se présente. L'époque à laquelle arrive au fleuve la plus grande quantité de produits agricoles — notamment le coton — à transporter vers les centres consommateurs est précisément la seconde moitié de la saison sèche, celle pendant laquelle les eaux du fleuve sont les plus basses. La navigation pendant cette période est plus difficile et plus lente : il s'ensuit des plaintes continuelles des riverains sur l'insuffisance des transports. On doit cependant remarquer que, pendant le reste de l'année, les moyens actuels sont largement suffisants. Toutefois, il semblerait utile de trouver une adaptation particulière à ces conditions spéciales.

Cette sorte d' « embouteillage » se produit aussi momentanément à la gare de Pirapóra par exemple, et cela est d'autant plus sensible qu'avec

Pedrinhas.   Rio Urucuia.

Rio Paracatú.

le coton, il s'agit d'une marchandise naturellement volumineuse, et par surcroît (sauf exception), mal pressée, faute de moyens suffisants.

La possibilité constitutionnelle, pour chaque État de l'Union, d'appliquer des taxes à l'entrée ou à la sortie des marchandises a eu pour résultat, à l'égard du coton, un régime variable avec les États.

L'État de Pernambuco perçoit une taxe de 2 0/0 sur le coton sortant de ses frontières ; le cas se présente dans la vallée du São Francisco pour le coton égrené à Petrolina et dans la zone voisine qui, faute de moyens de communication pratiques avec la ville de Recife, est dirigé sur Bahia, en passant par Joazeiro.

L'État de Minas Geraes frappe d'une taxe de 4 0/0 le coton mineiro exporté.

L'État de Bahia n'a pas de taxe d'exportation, mais quelques autres faibles taxes dont le total atteint près de 4 0/0.

* * *

La situation cotonnière de la vallée du São Francisco étant ainsi sommairement exposée, nous allons envisager quel peut être son avenir.

Il y a certainement, dans la vallée du São Francisco, quantité d'alluvions susceptibles de porter le cotonnier.

Il est impossible de chiffrer l'étendue de ces zones et de les délimiter. Néanmoins, c'est probablement par dizaines de milliers d'hectares qu'existent dans le São Francisco les terres à coton. Elles doivent être surtout abondantes et riches dans la région comprise entre São Francisco (ville) et Barra do Rio Grande pour la vallée principale, mais on en trouve aussi en amont et en aval sur une profondeur variable depuis le lit du fleuve ; de Pirapora à l'embouchure du rio das Velhas, ces bonnes terres alluvionnaires passent d'une largeur de 400 mètres environ à 5 ou 6 kilomètres. Cette largeur se rétrécit beaucoup un peu plus en aval, en face du dernier contrefort occidental de la Serra do Cabral.

D'après les renseignements recueillis et les documents consultés, on peut sans doute en dire autant de beaucoup d'affluents, en particulier le rio Grande, le rio Corrente, etc...

Ces terres alluvionnaires, peu accidentées, se prêtent au travail avec des machines agricoles dont l'emploi doit être sérieusement envisagé, si on veut faire de la culture industrielle.

Les conditions climatologiques et hydrologiques que nous avons signalées posent de suite la question des irrigations.

En principe, il n'est pas douteux que cette solution supprime les principaux aléas de la culture dans le São Francisco. Nous allons envisager cette solution au point de vue cultural et spécialement cotonnier.

D'ailleurs il serait plus exact de parler, au lieu d'irrigation, de régularisation de l'alimentation en eau. Il y aurait peut-être avantage dans certains cas, non seulement à irriguer, mais à protéger des milliers d'hectares contre l'inondation naturelle et irrégulière de chaque année, inondation qui rend ces terres mal utilisables.

Théoriquement, avec la possibilité de distribuer l'eau continuellement dans les champs, on ne trouve plus d'obstacles à voir se succéder des cultures toute l'année sur le même sol, comme dans le delta du Nil. Dans le São Francisco, en effet, l'arrêt annuel de végétation n'est pas provoqué par le froid, comme dans les pays tempérés, mais par le manque d'eau.

En pratiquant la culture irriguée, quelles variétés de cotonniers choisir?

La culture par irrigation est une culture intensive, perfectionnée ; elle doit, de nos jours, se faire aussi rationnellement que possible, industriellement, puisqu'on envisage sa possibilité par de grands travaux modernes d'aménagement, et alors, pour le coton, il faudra se limiter aux variétés annuelles. Ce serait donc l'abandon des variétés locales, notamment du « Verdão » (malgré son intérêt) et du Rim de Boi (malgré la faveur dont il jouit localement), puisque ce sont des cotonniers arbustifs. Les variétés annuelles deviennent nécessaires parce qu'elles sont plus précoces ; qu'elles rendent plus efficace la lutte contre les parasites, en particulier le ver rose ; qu'elles permettent d'utiliser le sol au maximum. Ce sont là des moyens d'augmenter la rente du sol, ce qui permet de payer l'eau.

Parmi les variétés annuelles, lesquelles choisir ? Les pays qui cultivent rationnellement le cotonnier par irrigation ne font que des variétés dites égyptiennes et non des variétés courtes-soies, toujours pour avoir de leur sol le revenu plus élevé qu'exigent les irrigations. Peut-être serait-il possible, dans le São Francisco, de s'adresser à des courtes-soies ; ce serait une expérience à tenter sur place, car, parmi les opinions qui se sont manifestées à ce sujet, certaines s'appuient sur des cas particuliers où les cotons à soies de 30 millimètres « payaient ». Il est toutefois prudent de ne généraliser qu'après expérience « in loco ».

Dans le cas où la nécessité de cultiver des cotons type Jumel serait démontrée, il y aurait lieu de se souvenir que les cotons les plus demandés actuellement, et pour longtemps sans doute, sont les 28-30 millimètres. Le choix de la variété à cultiver n'est donc qu'une question économique.

L'irrigation admise pour la culture du coton, il faudra évidemment cultiver rationnellement et passer de la forme extensive à la forme intensive. C'est dire que toutes les pratiques préconisées avec insistance en ce moment même au Brésil par les divers Gouvernements devront être appliquées. Au premier rang de ces mesures figure la sélection des semences. Ces semences, produites non par le Gouvernement, mais sous son contrôle et au besoin avec son appui, doivent être plantées sans mélange de variétés. Les règlements, qui s'édictent actuellement au Brésil, tiennent compte de ce point essentiel. C'est ensuite un bon travail préparatoire du sol, généralement trop négligé jusqu'ici, et l'adoption des pratiques culturales modernes ; puis la cueillette soignée, ainsi que l'égrenage et l'emballage ; la lutte continuelle et sans défaillance contre les parasites.

La culture, dans ces conditions, suppose que l'on suive un assolement. A première vue, c'est probablement pour le coton l'assolement triennal qui serait à adopter, assolement comprenant, outre le coton, une légumineuse et une céréale, le maïs par exemple. Le choix doit se porter sur des plantes qui améliorent le sol et qui le laissent propre, ou au moins permettent facilement son nettoyage. Avec le coton annuel, il faut délibérément écarter les plantes qui, pour donner un résultat économique, exigent de rester plusieurs années sur le sol.

Le choix judicieux des plantes de l'assolement doit aider à fournir la nourriture de la main-d'œuvre et des animaux, donc améliorer notamment l'élevage extensif actuel.

Mais il ne faut pas compter, aussi bien au point de vue de l'intérêt général que de celui d'une entreprise particulière, cultiver uniquement le cotonnier et les plantes de son assolement. Il faut se garder de la dangereuse monoculture. Au point de vue technique, deux plantes seraient particulièrement appropriées à la région aménagée pour les irrigations : la canne à sucre et le riz.

D'ailleurs les cultures irriguées n'empêcheraient pas d'en poursuivre d'autres, en sec, dans les parties non irrigables, celles notamment qui se pratiquent aujourd'hui ; les bonnes terres situées entre les alluvions et les terrains inaptes à produire conviennent à cet objet.

Mais, pour assurer cette production intensifiée et la moderniser, il faut de la main-d'œuvre et des moyens de transport.

On peut enfin se demander si le coton produit dans la région du Sâo Francisco pourra être exporté sur l'étranger. Si l'adoption des irrigations obligeait à ne cultiver que du coton Jumel, et si on obtenait la même qualité qu'en Égypte, les acheteurs européens devraient trouver une compensation aux frais de transport, plus élevés pour le produit du Sâo Francisco que pour le produit égyptien. Par contre, les États-Unis, fort éloignés encore de satisfaire par eux-mêmes à leur consommation de Jumel, pourraient avoir avantage à recourir à cette zone du Brésil.

Mais, si on peut produire de la fibre 28-30 millimètres, la situation serait retournée, et c'est l'Europe qui trouverait avantage à s'approvisionner en coton du Sâo Francisco, faute d'une autre source plus avantageuse.

Cette exportation suppose évidemment une amélioration considérable de la fibre produite actuellement (nous parlons d'une manière générale) et un développement qui ne serait pas trop rapide de l'industrie cotonnière brésilienne. Dans les deux hypothèses, c'est évidemment cette dernière qui doit être la principale bénéficiaire du développement cotonnier du Sâo Francisco.

Quant aux autres plantes cultivées, elles donnent, quand les circonstances sont favorables, d'excellents rendements, notamment la canne à sucre (200 tonnes de canne par hectare) et le riz (400 : 1.).

· Les *modes culturaux* sont des plus primitifs et pourraient être facilement améliorés. La charrue est généralement inconnue et tout le travail de l'ensemencement consiste à creuser des trous dans lesquels les semences sont enterrées. Pendant la période de végétation, on donne un à deux sarclages pour supprimer les mauvaises herbes ; la terre n'est jamais retournée. Les semis ont lieu au printemps, dès le début de la saison des pluies, les récoltes en automne. La majeure partie des terres reste donc en jachère pendant le reste de l'année. Il y a une exception pour les cultures dites « de vasante » qui, comme leur nom l'indique, ont lieu à l'époque du retrait des eaux, c'est-à-dire en hiver.

Pirapóra.   Rio São Francisco.

LE PORT.

Extrema.   Rio São Francisco.

BARQUE DESCENDANT LE FLEUVE A LA PERCHE.

Elles utilisent, notamment sur les berges des fleuves, la fraîcheur conservée par le terrain pendant un temps plus ou moins long.

Ce mode de culture indique nettement le moyen d'étendre la production agricole à la saison sèche : c'est l'emploi de *l'irrigation*. C'est ce qu'ont compris certains propriétaires qui, profitant de circonstances locales très favorables, pratiquent aux alentours de leur fazenda la culture irriguée sur une petite échelle. Elle n'a, du reste, pris un développement quelque peu appréciable qu'au Brejo de Amparo (Januaria), où le rio Salgado fournit l'eau nécessaire à l'irrigation de quelques centaines d'hectares.

Comme les cultivateurs ne peuvent fournir aucune indication précise sur la surface des parcelles qu'ils cultivent, il est complètement impossible de réunir une série de rendements par hectare. Si on considère encore le grand nombre de facteurs qui influent sur le résultat, les chiffres indiqués ne peuvent avoir qu'une valeur comparative.

La population est favorable au progrès et prête à travailler au développement de sa région, dont l'état de stagnation économique ne lui échappe pas ; mais elle est désavantagée par le manque de moyens de communication et de capitaux.

La densité de cette population est excessivement faible :

2,5 habitants par kilomètre carré, dans le nord de Minas, tandis que la densité moyenne de l'État et de 10 habitants par kilomètre carré.

Il est évident que la population de la région qui nous occupe aura besoin d'un entraînement pour pouvoir se mettre à la *pratique des cultures irriguées*, notamment pour acquérir l'habitude de la discipline indispensable dans tout système d'irrigation. Le temps nécessaire à la mise en valeur progressive de la totalité de la région permettra à cette population tranquille (dont la faible densité rendra d'ailleurs nécessaire l'immigration d'éléments nouveaux) de se familiariser avec les méthodes nouvelles de culture qu'elle devra adopter.

L'état sanitaire actuel est loin d'être satisfaisant à cause :

des fièvres paludéennes (maleitas), conséquence des eaux stagnantes existant après le retrait des eaux, en avril et mai ;

et de l'ankylostomiase, douves du foie, etc.

Mais il est défavorable bien plus par le manque d'hygiène de la population que par l'importance réelle des maladies.

Le paludisme est toujours très localisé et dans beaucoup d'endroits il disparaîtrait certainement par le seul fait d'assurer un écoulement rapide des eaux d'inondation par la construction de canaux de drainage.

Les moyens de communication sont insuffisants, même avec la faible production actuelle. Les seules *voies ferrées* sont la Estrada de Ferro Central do Brazil (1 mètre d'écartement), exploitée par l'Union, de Pirapóra à Bello Horizonte (402 kilomètres) et Rio Maritima (1.006 kilomètres) ; et le chemin de fer de Joazeiro à Bahia (575 kilomètres). Ce sont actuellement les seules issues sur la mer. Le matériel roulant est notoirement insuffisant, ce qui provoque l'accumulation des marchandises et décourage le commerce, parce qu'entre autres cet état de choses augmente l'importance des fonds de roulement, déjà assez réduits, comme dans tout pays neuf.

Quant aux *routes* carrossables, elles sont défectueuses. Il y a bien des chemins (estradas) sur lesquels circulent des chars à bœufs (traînés par cinq paires de bœufs avec charge maximum de 1.800 kilogr.), mais ils sont mauvais parce qu'ils ne consistent généralement qu'en une « picada » (coupe des arbres), sans terrassements ni ouvrages d'art et que le passage des rivières en bac oblige à une rupture de charge.

Les *voies navigables* qui ont à satisfaire à un trafic assez intense sont le cours du rio São Francisco, de Pirapóra à Januaria (314 kilomètres) et Joazeiro (1.369 kilomètres) ; le cours du rio das Velhas, sur ses derniers 20 kilomètres, abandonné du reste depuis la prolongation du chemin de fer jusqu'à Pirapóra ; le cours du rio Paracatú, franchement navigable sur 120 kilomètres en amont de son confluent avec le São Francisco ; et le rio Urucuia sur ses derniers 38 kilomètres (Caes de Lage de Pedrinhas). Il n'existe sur ce dernier aucun service de navigation et celui du Paracatú ne peut transporter, à la descente, que 1.200 tonnes par an, en deux voyages par mois de 50 tonnes chacun.

De plus, dans l'État de Bahia, nous avons le rio Corrente, navigable jusqu'à Santa Maria, et le rio Grande, jusqu'à Barreiras.

Les régions riveraines du São Francisco sont desservies par deux Compagnies de navigation : la Cⁱᵃ Bahiana, très fortement subventionnée par le Gouvernement (la subvention représente 30 0/0 des recettes) et la Cⁱᵃ Industria e Viação de Pirapóra, dont le président-directeur, le Dⁿ. Octavio Barboza Carneiro, est un de nos amis et a été le délégué du Gouvernement fédéral auprès de notre Mission. Cette dernière Compagnie, qui ne dispose que d'un vapeur et de chalands, s'occupe avant tout de l'approvisionnement de son usine de Pirapóra en matières premières, telles que coton, graines de coton et riz, et ceci surtout depuis Lapa (621 kilomètres, E. de Bahia).

La Cⁱᵃ Bahiana dispose de nombreux vapeurs dont un récemment acquis, mais elle se soucie trop de la partie passagers et manque de capacité de transport quant aux marchandises, à en croire les producteurs du pays. Le fait est que les produits s'accumulent chez les entrepositaires et les négociants.

Dans l'état actuel des choses, l'amélioration de ce service ne serait qu'une question d'organisation et de capitaux, qui permettraient de tirer le maximum de rendement du matériel actuel et de l'augmenter si vraiment nécessaire.

Le vrai *marché des produits* du rio São Francisco, c'est-à-dire celui dont la cote règle les prix sur place, est celui de Rio de Janeiro, mais la faible production actuelle est entièrement consommée dans l'intérieur, sauf pour le manioc et le bétail qui est exporté par voie de terre, ou sous forme de viande séchée. Pirapóra et Joazeiro sont des entrepôts de transbordement et Januaria, où arrivent journellement sur des chars à bœufs les produits de son hinterland, est le seul marché achalandé de la région.

Les tableaux suivants donnent *les frais de transport* actuels par voie d'eau et de fer pour les principales places et les produits agricoles de plus d'importance :

Frets fluviaux de la Empreza Viaçâo do Sâo Francisco,

jusqu'à Pirapóra (17-9-1923) :

Depuis Barra (Bahia) :

Riz	49$200
Rapaduras	54 100
Sucre	117 000
Coton-graine et fibre	117 000
Farine de Manioc	49 200
Eau-de-vie	117 000

Depuis Lapa (Bahia) :

Riz	39$500
Rapaduras	38 700
Sucre	70 200
Coton	70 200
Farine de manioc	39 500
Eau-de-vie	70.200

Depuis Januaria (Minas) :

Riz	20$900
Rapaduras	22 900
Coton	44 000
Sucre	44.000
Farine de manioc	20 900
Eau-de-vie	44 000

Depuis São Francisco (Minas) :

Riz	16$900
Rapaduras	18 200
Coton	35 200
Sucre	35 200
Farine de manioc	16 900
Eau-de-vie	35 200

São Francisco.   Rio São Francisco.

LE BAC.

Januaria.   Rio São Francisco.

CHAR DE COTON DEVANT LE MARCHÉ.

Frets par chemin de fer (9-1923)

depuis Pirapóra jusqu'à :

Bello Horizonte (402 kilomètres) :

Riz.	20$300
Sucre	83 400
Farine de manioc.	20 300
Coton-fibre.	74 900
Eau-de-vie.	160 200

Rio Maritima (1.006 kilomètres) :

Riz.	41$700
Sucre	143 600
Farine de manioc.	41 700
Coton-fibre.	129 800
Eau-de-vie	267 500

Nous donnons ci-dessous la liste des *prix moyens d'achat des produits agricoles* en leur opposant, à titre de renseignements, les prix rendus à Rio et ceux cotés à Rio à la même époque (septembre 1923) :

PRODUITS	PRIX à			OBSERVATIONS
	Pirapóra	rendus Rio	a Rio	
			$	
Riz décortiqué	700$000	741$700	500	
— (paddies).	300$000	—	—	
Farine de manioc. . . .	222$000	263$700	320	Par tonne.
Sucre brut clair	1:000$000	1:143$600	650	(Change, 5 d.
Rapaduras (sucre en briques).	333$000	—	—	par milreis).
Coton graine.	1:100$000	—	—	
— fibre.	5:500$000	5:629$800	6:400	
Eau-de-vie.	1$350	—	0$620	Le litre.
Graines de ricin.	400$000	—	—	
Maïs.	129$000	170$700	210	
Haricots noirs	266$000	307$700	400	
Lard.	1:000$000	1:143$500	1:500	
Cuirs de bovins.	2:500$000	—	—	
Planches de cèdre : $\dfrac{4,84 \times 0,25 \text{ à } 0,35}{0,05}$	41$000	170$800	260	Le mètre cube.
Pemmican (xarque). . .	800$000	943$600	1:300	
« Tapioca » de manioc. .	445$000	486$700	550	

Ce tableau confirme un fait, à savoir : si, dans l'état actuel de la production et de la consommation locales, la région qui nous occupe peut exporter de la farine de mandioca, du coton, du maïs, des haricots, du lard, des cuirs, du bois de cèdre, du pemmican et du « tapioca » (polvilho) de manioc, elle importe, par contre, du riz et du sucre. Ces deux dernières plantes, dont les rendements sont les plus élevés dans cette zone, sont précisément des produits de grande culture.

Le plus gros apport à l'exportation est fourni par le bétail sur pied. Son prix est infiniment variable, car il est payé à la pièce (les romaines à bétail sont inconnues dans les fazendas), selon son état et la distance à parcourir jusqu'aux centres de consommation, notamment Rio. Un bœuf adulte, gras, vaut actuellement (sept. 1923) dans les 130$000,

Les *transactions immobilières* sont asez rares dans la région, à cause de l'étendue des propriétés (les plus petites comportent plusieurs milliers d'hectares) et des difficultés que présente leur exploitation. L'impôt sur la propriété foncière, récemment créé par l'État de Minas, oblige cependant beaucoup de propriétaires à morceler leur terre et nous pouvons citer dans la vallée du Rio Paracatù une fazenda récemment vendue à raison de 2$500 l'hectare. Près des villes, ces prix peuvent être de 400 0/0 plus élevés.

Les *matériaux de construction* sont assez abondants dans la région. Le grès siliceux de couleur violacée, à grain fin, est compact et dur et fournit un excellent matériau pour moellons et pierres de taille.

Le sable se trouve dans le lit de toutes les rivières, mais le gravier est plus rare : il ne forme nulle part de bancs importants.

On trouve naturellement du bois en abondance dans le matto ; mais les environs des agglomérations de quelque importance en sont déjà complètement dépourvus. Le plus intéressant est l' « aroeira », bois rouge très dur qui sert à confectionner les traverses de chemin de fer.

Les briques et les tuiles sont fabriquées dans le pays, de même que la chaux grasse. Seul, le ciment Portland est importé et est très coûteux.

La liste suivante donne le prix de ces matériaux, le tout à Pirapora :

Grès concassé.	8$000	le mètre cube.
— moellons	6$000	—
Sable	7$000	—
Gravier de carrière	7$000	—
Bois d'arcocira, débité.	60$000	—
Briques de 25 × 12 × 06	30$000	le mille.
Chaux vive.	57$000	la tonne.
Ciment laitier de Sabarà	130$000	—
Ciment Portland importé, au détail.	266$000	—

Le seul *combustible* employé, même par les chemins de fer, est le bois : il vaut en moyenne 5 $ le mètre cube. L'essence coûte 1$320 le litre et n'est consommée que par les véhicules et canots automobiles.

La *main-d'œuvre* locale est presque exclusivement composée de gens de couleur ; elle est docile pour qui sait la mener, adroite, mais d'un rendement au-dessous de la moyenne. Elle est, du reste, bon marché, car on paie les ouvriers agricoles 2 $ par jour, nourris et logés, ce qui ne signifie pas grand'chose en plus, et les manœuvres de chantier 3 à 4 $ (10 heures) ; mais les maîtres-maçons, par exemple, 7 à 8 $ (8 heures) et 1$ chaque heure supplémentaire. Il est hors de doute que, comme quantité, cette main-d'œuvre serait absolument insuffisante pour la réalisation de grands travaux.

Le *régime de la propriété foncière* est assez nettement établi, en ce sens que les terres sont toutes occupées de fait, sinon de droit, à d'insignifiantes exceptions près. Il l'est bien moins quant aux limites («divisas ») de chaque propriété. Les fazendas ne sont, en général, pas clôturées et ce n'est que récemment que certains propriétaires ont procédé à la démarcation de leur propriété, notamment pour mettre fin à l'invasion de petits occupants. C'est donc un état qui tend à s'améliorer.

La *législation des Eaux et Forêts* de l'État de Minas Geraes est fixée par les décrets n° 6.273 du 23 mars 1923 et n° 6.267 du 5 mars 1923, respectivement.

Le premier traite spécialement la question de *l'utilisation des chutes d'eau au point de vue industriel*. Celles-ci sont divisées en deux classes :

1° Celles de propriété privée et

2° Celles des rivières publiques appartenant à l'État.

Nous en donnons les points les plus intéressants :

1° Le propriétaire a la libre disposition des chutes situées dans son domaine. Elles peuvent cependant être expropriées pour des usages industriels quand leur puissance brute à l'étiage moyen dépasse 200 chevaux ;

2° Le Gouvernement de l'État de Minas Geraes concède l'usage des chutes pour des services publics ou des emplois industriels, peut décréter l'exemption des impôts de l'État pour la durée de la concession et autoriser la construction de voies ferrées.

Il se réserve la faculté d'obliger le concessionnaire d'une chute d'eau à produire la totalité de l'énergie disponible, même si ce dernier n'a besoin que d'une partie, s'il juge pouvoir utiliser lui-même l'excédent (art. 12). Il se réserve également le droit de disposer, pour des services

Januaria.   Rio São Francisco.

VUE VERS L'AMONT.

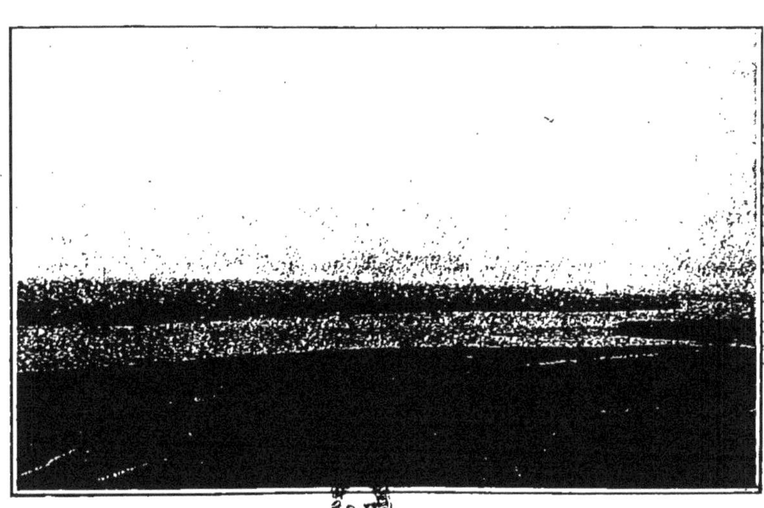

Lapa.   Rio São Francisco.

LE FLEUVE ET LES PLAINES MARGINALES.

publics, d'un tiers de la force produite, en la payant d'après un barème établi dans ce but (art. 14).

La concession gratuite peut embrasser une période variant de trente à soixante ans. Après expiration du délai, la chute et les terrains du domaine public concédés, de même que la Centrale hydro-électrique, deviendront propriété de l'État de Minas, sans indemnité aucune à allouer au concessionnaire; mais le reste des installations sera payé à un prix fixé, soit de commun accord, soit par voie d'expropriation légale.

Les installations seront ensuite mises en adjudication pour location, avec préférence donnée au propriétaire primitif, toutes conditions étant égales. Le locataire sera obligé de fournir à l'ancien concessionnaire la quantité d'énergie qu'il consommait pour ses industries aux prix fixés au barème approuvé par le Gouvernement.

Dans l'exposition des motifs (p. 11 et suivantes) se trouvent les fondements juridiques du droit régalien des États de l'Union sur les rivières qui traversent leur territoire, exception faite pour les concessions de navigation, qui sont du ressort de l'Union. S'il est évident que l'utilisation pure et simple d'une chute d'eau peut ne porter nullement atteinte aux droits des autres États riverains d'un fleuve, tant à l'amont qu'à l'aval, il n'en est naturellement pas de même pour l'utilisation de l'eau pour l'irrigation.

Le décret n° 6.273 du 23 mars 1923 n'envisage donc que la réglementation des chutes, mais non l'utilisation de l'eau avec consommation. Il nous semble que seul le Gouvernement fédéral se faisant, comme pour la navigation, l'arbitre des droits et des intérêts des États intéressés, peut, après l'étude d'un programme d'ensemble dont on peut ici palper toute l'importance au point de vue national, fixer la quote-part du débit qui revient à chaque État et donner les concessions d'eau pour l'irrigation. C'est un point juridique qui aura à l'avenir une importance de premier plan, et qui demande à être éclairci.

La *législation générale des forêts* reste à établir. Les textes actuels n'envisagent que la réglementation des pépinières qui distribuent des jeunes plants et des graines d'essences forestières utiles, principalement nationales.

CHAPITRE II

La zone irrigable.

Le relief du sol, tel que nous l'avons décrit précédemment, délimite bien nettement la *partie de la contrée qui*, au point de vue technique, *peut être irriguée :* ce sont les zones des plateaux (taboleiros) et des thalwegs avec leurs plaines marginales « vargedos ». Bien qu'actuellement, au point de vue agricole, cette dernière ait seule, par suite de sa plus grande fertilité, une véritable importance, nous tenons à les étudier simultanément, parce que nous considérons qu'un programme d'ensemble ne doit négliger aucune possibilité, si lointaine soit-elle.

D'accord avec ce qui précède, on peut diviser les *sols* en deux classes : *a)* les arènes des « taboleiros » et *b)* les limons des « vargedos ». Leurs *caractères physiques* sont les suivants :

a) Sol éluvial, arène silico-argileuse, très perméable, meuble au-dessous d'une couche d'une trentaine de centimètres et pauvre en humus ;

b) Sol alluvial, limon argilo-siliceux, perméable, meuble et relativement riche en humus.

Au point de vue chimique, nous pouvons estimer que les premiers sont pauvres en chaux et les derniers normaux et riches en matières humiques.

Il ne s'agit, dans la contrée qui nous occupe, que d'irrigation pendant la saison sèche, c'est-à-dire en moyenne de mai à septembre.

Nous estimons, d'après notre expérience personnelle et les chiffres de l'Inde (cultures « Rhabi » : 0,35 lit./sec./hectare et cultures « Kharif » : 0,70 lit./sec./hectare « Canaux du Punjab »), de l'Égypte (0,60 lit./sec./hectare), de l'Algérie (0,32 lit./sec./hectare pendant six mois), du Chili (0,30 lit./sec./hectare) et de l'Argentine (0,25 lit./sec./ hectare, Carmen de Patagones), qu'une *quantité de 0,40 lit./sec./hectare* pendant six mois est amplement suffisante, y compris 28 0/0 pour pertes par évaporation et infiltrations. En effet, c'est à la fin de la saison des pluies que se font toutes les récoltes, époque pendant laquelle l'irrigation serait de par ce fait réduite. Elle aurait principalement pour but d'éviter l'arrêt de la végétation en hiver chez les plantes pérennes (canne à sucre, manioc et prairies permanentes) et les inconvénients d'une saison de pluies tardive pour les cultures annuelles.

La quantité d'eau qui tombe en moyenne pendant les sept mois d'été est de 0,54 lit./sec./hectare. La moitié sans doute de cette quantité s'écoule par un ruissellement (coefficient de 0,50) rapide, qui est la cause des crues subites des fleuves, et n'est pas absorbée par la végétation. La quantité nette de 0,32 lit./sec./hectare paraît donc amplement suffisante vu les conditions indiquées plus haut.

Il est clair que les arènes exigeraient en principe une plus grande *quantité d'eau* que les limons; mais comme le genre de culture pratiqué est aussi un facteur qui influe sur la quantité d'eau consommée, nous nous en tiendrons, pour une étude de ce genre, au chiffre moyen de 0,40 lit./sec./hectare, pour les deux classes de sol.

Un *arrosage périodique*, pratiqué avec des eaux limoneuses contenant, en plus de matières organiques en suspension, sans doute aussi des éléments minéraux fertilisants et ayant une température élevée, ne peut produire qu'un enrichissement des terres. Quoique dans ce genre de terrains une fois cultivés la stagnation ne soit guère à craindre; il faudrait s'attacher à l'éviter parce qu'elle ne tarderait pas à augmenter l'acidité du sol.

Les drainages ayant pour but *l'évacuation des eaux en excédent*, tant de surface que souterraines, méritent une attention spéciale. Dans bien des projets d'irrigation, le fait d'avoir méconnu leur nécessité a eu pour conséquence l'abandon pour la culture de surfaces plus ou moins étendues, rendues stériles par suite du relèvement de la nappe phréatique avec toutes ses conséquences. Ici tout particulièrement il existe, dans les sols alluviaux, au niveau d'étiage de la nappe souterraine, une concentration de sels décelée par le bétail, qui, sur les berges des rivières, lèche la terre pour en extraire les sels qu'elle contient. Ce fait mérite également d'être retenu dans le cas d'établissement de barrages sur les fleuves, barrages dont les seuils permanents auraient pour effet d'exhausser le niveau de la nappe phréatique.

De plus, comme le paludisme existe à l'état endémique dans la région, il est capital au point de vue de sa colonisation future d'assurer un prompt retour à la rivière des eaux en excédent et d'éviter ainsi la formation des marais.

La culture irriguée devra comprendre les plantes déjà cultivées dans la région, à savoir : la canne à sucre, le riz, le manioc, les haricots, le maïs, le coton et une graminée fourragère, le « capim gordura » (Panicum Melinis Prin.). De plus, la culture de certains fruits, tels que le « goyaba » et « abacaxi » (ananas) pourraient alimenter des usines de conserves. Nous tenons à appeler l'attention sur l'importance que pourrait prendre, notamment sur les « taboleiros » en plus de celle du manioc et du coton, la culture industrielle de l'ananas, et il est intéressant de pouvoir comparer ce qui a été fait dans ce sens par les Américains à Hawaï. Deux faits permettent d'escompter un résultat favorable : la culture qu'en fait le personnel du chemin de fer par endroits le long de la voie ferrée et l'abondance dans les « campos cerrados » d'une proche parente la « macambira ». (Enchlorion spectabile-Bromeliaceæ.)

Il est très difficile de donner des chiffres exacts fixant le *rendement* probable des *différentes cultures irriguées* puisque, comme déjà mentionné précédemment, il est impossible d'obtenir des agriculteurs des précisions à ce sujet. Nous ne donnons les valeurs suivantes qu'à titre d'indication.

CULTURE	RENDEMENT PAR HECTARE	VALEUR BRUTE ACTUELLE
Canne	80 tonnes.	3:120 $
Coton-graine	1,5 —	1:650 $
Riz.	10 —	3:000 $
Farine de manioc . . .	2 —	444 $
Maïs	3 —	390 $

L'augmentation d'arrosage, ou plutôt son extension artificielle à la saison sèche, ne pourrait qu'avoir un effet très favorable sur le développement de la région, car il supprimerait les aléas de la sécheresse et permettrait la mise en valeur des terres aujourd'hui incultes. L'exploitation agricole en terres non irriguées, limitée aux sols naturelle-

Januaria.   Rio São Francisco.
PRESSE A COTON.

Lapa.   Rio São Francisco.
DÉCOMPOSITION DU CALCAIRE.

ment frais, est condamnée à rester une industrie soit d'une importance réduite, soit extensive comme l'élevage, et seule l'irrigation, avec tous ses avantages, permet la culture continuelle des mêmes terres et par conséquent une exploitation intensive et rationnelle.

Nous avons été frappé de voir la modification radicale que l'irrigation provoque même dans des terres réputées pauvres (« Terra ruim do sertanejo »), par exemple dans un pré de quelques hectares de la fazenda Extrema, dans la vallée du Paracatú.

De plus l'irrigation semble détruire les termites (cupim) si préjudiciables aux cultures, comme du reste l'indique le procédé rudimentaire employé parfois à São Paulo pour les combattre dans les plantations de café.

L'irrigation, partout où elle a été introduite a toujours augmenté la valeur des terres qui en ont bénéficié. L'arrosage artificiel pendant la période de sécheresse annuelle est, à en juger par l'état dé la végétation spontanée, une condition *sine qua non* d'un développement continu des plantes, tel que le permettrait le climat et son effet bienfaisant est d'autant plus notable que les températures sont plus élevées. Si l'eau est de plus riche en éléments fertilisants, elle devient vraiment, pour employer une expression très juste, le sang de la terre.

Nous trouvons déjà établies dans la région les *industries agricoles* suivantes :

Moulins à canne (« engenhocas »), avec comme produits la rapadura et la cachaça (eau-de-vie de canne) : cette dernière, surtout celle de Januaria, est très recherchée et se vend à un prix élevé. L'industrie sucrière n'existe donc qu'à l'état primitif et il n'y a dans toute cette vaste région qu'une seule turbine à sucre, dans la « fazenda Tamboril » du Cel. Saint-Clair, située sur le haut Urucuia.

Il y a, de plus, disséminés le long du fleuve plusieurs égrainages de coton. Ces installations sont en général primitives et fort réduites. Ce n'est qu'à Pirapora qu'il existe une usine moderne, celle de la Compania Industria e Viação de Pirapora : elle s'occupe du décorticage du riz, de l'égrainage du coton, de l'extraction de l'huile des graines avec ses dérivés : farine de tourteaux et savon. Elle possède une usine hydro-électrique (puissance définitive de 500 K. W.) située à la chute de Pirapóra. De plus, elle fournit la lumière électrique à la ville de Pirapóra.

Il faut ajouter aux deux industries précitées, la fabrication indigène *de la farine de manioc*, qui fournit un fort tonnage à l'exportation locale.

La mise en valeur du bassin de São Francisco par l'introduction de l'irrigation, et aussi par l'amélioration des moyens de communication, permettrait de *développer* et de perfectionner *les trois industries mentionnées* et de produire notamment :

1° Du sucre en poudre blanc, tant directement que par raffinage du sucre brut (sucre jaune en poudre et rapaduras) comme cela se pratique à São Paulo aux usines Matarazzo ;

De l'alcool potable et combustible ;

2° Du coton égrené, de l'huile de coton comestible, des tourteaux de graines et de la farine de tourteaux, du savon ;

3° De la farine de manioc fabriquée industriellement et blutée, comme cela se fait couramment dans l'État de São Paulo, et de la fécule ;

4° Des conserves de fruits, principalement d'ananas.

C'est une industrie inexistante aujourd'hui, mais qui semble appelée à devenir un facteur de prospérité important.

5° Des produits de laiterie, tels que beurre et fromages, ce que rendrait possible la création de prairies artificielles et permanentes.

———————

Nous ne considérons praticable en principe dans la région envisagée que *l'amenée des eaux* par pompage électrique, et ceci d'autant plus que l'on descend vers l'aval, pour les raisons suivantes :

Sauf aux endroits où des seuils rocheux produisent des chutes ou rapides (« cachoeiras ») le lit des fleuves est composé de sable graveleux de profondeur inconnue et les berges de limon, terrains perméables qui rendraient très difficiles la construction de barrages.

De plus les plaines marginales des rivières sont d'une configuration topographique fort irrégulière et en partie plus basses que les berges. Ceci obligerait, si on amenait l'eau par gravité, à les barrer en partie par des levées secondaires, à donner par conséquent un grand développement à la ligne de retenue et à établir des rigoles de distribution très compliquées.

En outre, par suite de la soudaineté des crues et de leur importance (le niveau des eaux s'est élevé de 12 mètres au-dessus du niveau moyen, à la barre du rio das Velhas — 1852 — et le débit du São Francisco atteint à Joazeiro 12.000 mètres cubes/sec pendant les crues), la construction de barrages de dérivation de 6 à 7 mètres de hauteur au-dessus du plan d'eau moyen et avec 5 à 6 mètres de surcharge serait d'un coût très élevé, sinon prohibitif.

Les pentes moyennes sont très faibles — et les débits sont beaucoup trop abondants aux chutes pour qu'on puisse en profiter sur place pour l'irrigation. En général les affluents de la rive gauche du São Francisco sont de beaucoup les plus importants et les terres irrigables de la rive droite plus étendues.

L'eau du fleuve et des affluents principaux est trouble, donc fertilisante, celle des affluents secondaires et sous-affluents, jaillissant des grès siliceux, est complètement limpide et ne peut avoir aucune action fertilisante; c'est un facteur agricole, qui a une importance de premier plan.

Aux raisons précédentes d'ordre purement technique vient s'ajouter une autre de caractère plutôt économique. Le courant, produit dans quelques centrales hydro-électriques puissantes, peut être réparti par des lignes à haute tension sur la zone irrigable bien plus facilement que l'eau elle-même. Au fur et à mesure de l'augmentation des besoins, et de la création de nouvelles stations de pompage, les centrales peuvent être dotées d'unités génératrices supplémentaires. C'est un système élastique, dit à tiroirs, qui permet de réduire les dépenses au commencement de la mise à exécution d'un programme d'ensemble, mais d'escompter cependant les possibilités d'un avenir plus ou moins éloigné.

Cependant la question économique prime incontestablement la question technique, et seules des données numériques précises permettront de connaître la solution définitive du problème.

C'est dans cet esprit que nous envisageons l'hypothèse des constructions suivantes :

1° Barrage avec centrale hydro-électrique sur le São Francisco à Pirapóra et dérivation.

2° Barrage avec centrale hydro-électrique sur le Paracatú au kilomètre 124.

3° Barrage avec centrale hydro-électrique sur l'Urucuia au kilomètre 40 environ.

4° Distribution par pompage sur le rio das Velhas inférieur.

5° Distribution par pompage sur le São Francisco en aval du rio Jequitahy.

6° Barrage de dérivation sur le rio Jequitahy à l'amont de la ville de Jequitahy.

7° Barrage de dérivation sur le rio des Velhas moyen.

8° Barrage de dérivation sur le haut rio Correntes.

9° Barrage de dérivation sur le haut rio Grande en amont de Barreiras.

Nous avons fait une analyse des plus importantes de ces chutes, mais en l'absence complète de séries de jaugeage (il n'en existe que pour le São Francisco à Joazeiro à 1.369 kilomètres à l'aval de Pirapóra), elle ne peut avoir que la valeur d'une estimation. Pour plus de clarté les éléments concernant celles du nord de Minas sont réunis en un tableau.

Nous voyons que dans le nord de l'État de Minas seulement on peut produire 37.000 HP bruts, soient 17.430 HP nets livrables aux consommateurs et irriguer 250.000 hectares, c'est-à-dire le 12,5 0/0 des terres cultivées de l'Égypte, surface qu'il serait impossible de trouver en aval des rapides par simple dérivation de la quantité d'eau disponible.

Le bilan de l'eau soustraite au débit du fleuve laisse pour les particuliers jusqu'à la frontière de l'État de Bahia, un solde disponible de 99 mètres cubes/sec. pendant les maigres.

Il est amplement suffisant pour leur permettre d'utiliser et de consommer dans leurs domaines les eaux des ruisseaux dont ils ont légalement la libre disposition.

Quant au coût de l'irrigation par unité de surface, seul l'établissement d'avant-projets permettrait de le connaître. L'irrigation de chaque hectare exige une force disponible de 0,08 HP (environ 0,06 KW) ; l'ingénieur Waring, de l' « Inspectoria de Obras contra as Seccas », avait calculé, en 1913, qu'à la chute de Paulo Affonso on pouvait arroser avec 0,06 KW un hectare pour le prix de 34$000 (milreis) par an,

Comme nous n'avons envisagé jusqu'ici que des travaux comportant la construction de barrages sur les fleuves du domaine des États, les

Bom Jesus de Lapa.   Rio São Francisco.

VUE D'ENSEMBLE DE L'ILOT CALCAIRE.

Joazeiro.   Rio São Francisco.

LE PORT.

TABLEAU ANALYTIQUE DES CHUTES D'EAU ET SURFACES IRRIGABLES

SITUATION	LARGEUR du FLEUVE	HAUTEUR de la CHUTE	HAUTEUR de la RETENUE	DÉBIT disponible à l'étiage	FORCE BRUTE	FORCE DISPONIBLE au bout de la transmission à haute tension	DÉBIT du CANAL principal	SURFACE IRRIGABLE	OBSERVATIONS Rendement hydroélectrique total = 48 %. Pompage à h = 10 m. Rendement de la station de pompage : 66 %.
	M. l.	M. l.	M. l.	M. c./s.	H. P.	H. P.	M. c./s.	Hectares	
1° Rio S. Francisco Pirapóra :									
Centrale hydroélectrique .	690	7,50	8,50	190	21.500	10.000	50	125.000	Par pompage : 75.000 hectares dans la vallée du S. Francisco et 50.000 dans celle du Rio das Velhas.
Centrale hydroélectrique (hautes eaux)	»	3,00	4,00	(300)	(26.600)	(12.500)	»	»	150.000 hectares irrigables, mais inexistants dans cette localité.
Dérivation possible . . .	»	»	1,00	(60)	»	»	(60)	»	
Dérivation projetée . . .	»	»	1,00	»	»	»	4	10.000	Par gravité dans cette localité.
2° Rio Paracatú, km. 125 :									
Centrale hydroélectrique .	180	1,05	6,00	120	9.500	4.450	23	57.500	Dont 32.500 dans la vallée du S. Francisco.
Dérivation possible . . .	»	»	6,00	(40)	»	»	(40)	»	100.000 hectares n'existant pas à l'aval.
3° Rio Urucuia. km. 40 :									
Centrale hydroélectrique .	100	1,00	6,00	75	6.000	2.800	14	35.000	Dont 10.000 dans la vallée du S. Francisco.
Dérivation possible . . .	»	»	6,00	(25)	»	»	(25)	»	62.500 hectares inexistants à l'aval dans cette vallée.
4° Vallée du Rio das Velhas .	160	»	»	30	»	»	(20)	(50.000)	Par pompage, centrale de Pirapóra.
5° Vallée du São Francisco .	»	»	»	»	»	»	»	(117.500)	Par pompage.
6° Rio Jequitahy, à Jequitahy	50	5,00	10,00	40	»	»	40	25.000	Par dérivation et gravité.
					37.000	17.430	101	252.500	
Solde disponible							79		
Total disponible aux plus basses eaux							200		

indemnités se réduiraient au paiement des expropriations exigées par la construction des barrages, centrales, bâtiments annexes et des lignes de transport à haute tension. Nous traiterons au Chapitre III de l'amélioration de la navigation et de la régularisation des crues par des barrages réservoirs.

Il ne peut pas être question, dans l'établissement d'un programme national de si vaste envergure, d'exiger une *contribution des propriétaires actuels*; mais nous verrons au Chapitre IV comment les finances nationales pourraient contribuer à son exécution et de quelle manière les propriétaires pourraient rembourser les avances consenties pour la mise en valeur de leurs terres.

CHAPITRE III

La Navigation.

Si la question de l'irrigation du bassin de S. Francisco peut encore à la rigueur supporter une division par États, le problème de la *navigation fluviale* ne peut être considéré que dans son ensemble. La solution exige une série de jaugeages et une étude du régime des fleuves qui manquent presque complètement. Nous ne pouvons donc qu'en considérer les directives éventuelles.

Dans l'*état actuel* on peut diviser les rivières en deux classes :

1° Le Rio S. Francisco, vraie artère de cette vaste région, avec un service régulier de navigation de Pirapóra à Joazeiro (1.369 kilomètres) par les vapeurs de la Compania Bahiana.

Jusqu'à la corredeira (rapides) du Sobradinho, entre les kilomètres 1.300 et 1.369, le lit sablonneux n'offre pas de vrais dangers pour la navigation, mais, quoiqu'il y ait aux basses eaux un chenal bien défini d'une profondeur moyenne de 3 à 4 mètres, les méandres que ce dernier décrit dans le lit du fleuve sont la cause de nombreux échouages pendant la saison sèche.

2° Ses affluents : les plus importants sont :

Le Rio das Velhas (rive droite), navigable sur une vingtaine de kilomètres en amont de son confluent, avec de nombreux bancs de sable et quelques pierres sur les rives;

Le rio Paracatú (rive gauche), avec un service régulier bi-mensuel effectué par un remorqueur et un chaland de 50 tonnes de port en lourd. Cette rivière n'est franchement navigable que jusqu'au kilomètre 120 (Porto dos Cavallos). Le fait suivant donnera une idée des difficultés actuelles plus à l'amont : pour passer la Cachoeira Grande (grands rapides) on est obligé de décharger complètement le chaland sur une île située au milieu du passage, à l'amont. Toute cette manœuvre effectuée par une dizaine d'hommes, exige 24 heures;

Le rio Urucuia (rive gauche), avec lit sablonneux et quelques bancs de rochers qui n'apparaissent que sur une rive et produisent des rapides (correntezas) insignifiants, est navigable sur ses 38 premiers kilomètres. Un affleurement de schistes calcaires traverse ici toute la rivière, ne laissant en hiver qu'une hauteur d'eau moyenne de 0^m,40 à 0^m,80, et sans chenal défini. La vitesse juste à l'aval est de 2 milles à l'heure;

Le rio Correntes, avec un service régulier jusqu'à Santa Maria, et le rio Grande, navigable jusqu'à Barreiras.

Quant au *matériel*, seul celui qui navigue sur le Sâo Francisco a de l'importance. Les vapeurs de la Compania Bahiana sont spécialement construits pour le service des passagers et prennent la charge sur des chalands accouplés. Les conséquences en sont un mauvais service par suite des délais de chargement dans les ports et les échouages plus fréquents. Ce sont des bateaux en acier, à fond plat, tirant au maximum un mètre, et avec roue motrice à la poupe (flat bottomed stern-wheel-steamer). Cette Compagnie ne possède qu'un seul cargo, d'où service des marchandises insuffisant. Il y aurait donc intérêt évident à séparer ces deux services, à diminuer le nombre des unités affectées au premier tout en augmentant leur rendement et à augmenter celui des embarcations affectées au deuxième.

Il est évident que le fait de soustraire du S. Francisco, pendant la saison sèche, 265 m^3/sec. pour l'irrigation jusqu'à Joazeiro, ne peut qu'engendrer des *conditions de navigabilité* plus défavorables à cause de la diminution de profondeur du chenal navigable et de son ensablement probable.

Le problème de l'irrigation en grand est donc inséparable de celui de la navigation.

Il sera donc indispensable de mettre à exécution un *programme de canalisation* des fleuves au fur et à mesure du développement des travaux d'irrigation. Il devra comprendre :

1° Des bassins-réservoirs destinés à emmagasiner une partie du débit du fleuve au moment des pointes, dans le but de régulariser le débit en hautes eaux et de servir de réserve pour la saison sèche. On pourrait profiter par endroits, dans ce but, des parties basses (alagadiços) des

Santa Maria.   Rio Corrente.

Préparation d'un champ de coton.

Rio Corrente.

Une sucrerie.

plaines marginales, actuellement occupées par des lagunes et inondées annuellement.

Par la suite on pourra de plus envisager la construction de levées protégeant les terres riveraines contre les crues dépassant le niveau des hautes-eaux moyennes.

Ces différentes mesures diminueront l'importance des inondations périodiques, augmenteront le débit du São Francisco en saison sèche, feront disparaître, conjointement avec les eaux de drainage, les eaux stagnantes, cause principale du paludisme, et, améliorant d'une façon notable les conditions de navigation, faciliteront grandement le développement de cet énorme bassin.

CHAPITRE IV

᛭ Résumé et Conclusions.

Il ressort de l'étude qui précède que les trois facteurs indispensables à la mise en valeur du bassin du São Francisco sont :

1° *Le développement des moyens de communication*, tels que routes conduisant au fleuve ou aux gares de chemin de fer, et navigation fluviale. Leur insuffisance actuelle, d'ailleurs fort explicable dans des régions d'une étendue aussi considérable, ne peut que décourager les producteurs ;

2° *L'introduction de l'irrigation.* — Celle-ci supprime les aléas du climat et les mauvaises récoltes qui en sont la conséquence, augmente le rendement des terres et, par conséquent, encourage la production en la rendant plus régulière et plus rémunératrice ;

3° *L'immigration, aussi bien étrangère que nationale.* — Quant à cette dernière la région nord-est du Brésil, dont les habitants émigrent couramment à São Paulo, pourrait fournir un contingent intéressant.

Le programme de mise en valeur pourrait être réalisé de la manière suivante :

1° Exécution des travaux d'irrigation, etc., par le Gouvernement brésilien, soit directement, soit par concession à des sociétés particulières ;

2° Émission de cédules hypothécaires spéciales, dites d'irrigation, émises par l'État, avec sa garantie et dont le service d'intérêts et d'amortissement serait à effectuer par les propriétaires au prorata de la surface irriguée dans leurs domaines ;

3° Comme en toutes choses, surtout en pays neuf, il faut donner l'exemple pour entraîner les masses, il serait d'une importance capitale pour le succès de l'entreprise de créer des colonies agricoles modèles. Elles devront pratiquer les cultures irriguées, montrer notamment d'une manière tangible ce que l'on peut en obtenir et comporter une station expérimentale, capable de fournir des semences sélectionnées et désinfectées et des reproducteurs de choix. Elles devront posséder toutes les industries agricoles nécessaires pour la transformation des produits de la région, telles que égrainage de coton, et peut-être même filature et tissage; huilerie et savonnerie, sucrerie et distillerie, fabrique de farine de manioc, décorticage de riz, centre d'achat de lait et fabrique de conserves de fruits.

En effet la transformation sur place des produits en réduisant le volume et en augmentant la valeur diminue l'importance des transports.

Maintenant que nous avons acquis une idée d'ensemble, nous pouvons passer à la solution des problèmes de détail, c'est-à-dire voir quels sont les points dignes d'une réalisation prochaine.

Il est d'importance capitale, pour pouvoir mettre au point un projet de mise en valeur du São Francisco, de connaître exactement le régime des différentes rivières dont l'eau pourrait être utilisée. Il est, dans ce but, indispensable que le Gouvernement brésilien procède à l'établissement de stations pour le jaugeage des cours d'eaux. Les lieux suivants nous semblent être ceux d'un intérêt plus immédiat :

1° Pirapóra : une station de jaugeage assez à l'amont du pont de chemin de fer pour que le remous causé par les piles soit uniforme sur toute la largeur.

Trois échelles, l'une au commencement de la chute, une deuxième au milieu et une troisième immédiatement à l'aval. On pourrait utiliser dans ce but les échelles déjà établies par la S. I. V. P. et elles serviront à déterminer la hauteur de chute utilisable.

2° Varzea da Palma, rio das Velhas, une station de jaugeage ;

3° Jequitahy, rio Jequitahy. Une station à l'amont du village de ce nom :

4° Rio Paracatú. Une station à la Cachoeira Grande (124 kilomètres environ) ;

5° Rio Urucuia. Une station soit à Pedrinhas, soit à quelques kilomètres à l'amont ;

6° Januaria, rio Salgado. Une station en amont du Brejo de Amparo ;

7° Rio Carinhanha. Une station à 120 kilomètres de son confluent avec le rio São Francisco ;

8° Rio Verde Grande. Une station à 40 kilomètres de son confluent ;

9° Rio Correntes. Une station en amont de Santa Maria, à Correntina ;

10° Rio Grande. Une station de jaugeage à l'endroit d'une ancienne captation, à quatre heures à l'amont de Barreiras ;

> Une station à São Desiderio :
> Une station sur le rio da Fome, à une lieue à l'amont de son confluent avec le rio Grande ;
> Une station sur le rio des Ondas, à une lieue en amont de Barreiras :
> Une station aux chutes du rio Branco et sur son affluent le Rio de Janeiro ;
> Une station sur la rivière d'Angical, en amont des barrages actuels ;

11° Sur le rio São Francisco moyen, une station de jaugeage à :

> Pé do Morro,
>
> São Francisco (ville),
>
> Pedras da Maria Cruz,
>
> Urubú,
>
> Morro do Pará.
> Pilão Arcado ou Remanso, respectivement.

Seules les observations faites par ces différentes stations pendant un certain nombre d'années permettront de connaître le régime des cours d'eau, de déterminer exactement les quantités d'eau disponibles et de rechercher par la suite le meilleur parti à en tirer. Ce n'est qu'alors que l'on pourra procéder à l'élaboration d'un programme définitif.

Rio das Velhas.

Un moulin a canne.

Rio São Francisco.

Vapeur et chaland chargé de coton.

Nous croyons avoir montré, par l'exposé qui précède, que la partie du bassin du São Francisco située dans le nord de Minas Geraes et l'ouest de Bahia contient des richesses latentes dont la mise en valeur ne peut qu'avoir une influence favorable sur les conditions économiques tant du Brésil que mondiales. Notre impression personnelle est qu'au point de vue production tant du coton que du sucre, elle est appelée à jouer à l'avenir un rôle de tout premier plan. L'importance du programme à réaliser indique cependant que cette mise en valeur ne pourra être l'œuvre que de longues années.

En effet, la surface que les disponibilités présentes en eau permettent d'irriguer dans le nord de Minas seulement, correspond à 12,5 0/0 de la surface cultivée de l'Egypte, pays qui pratique l'arrosage artificiel depuis des milliers d'années et où la population atteint la densité-record de 5,84 habitants par hectare cultivé. Le facteur temps aura donc toujours une importance primordiale dans le domaine des cultures irriguées.

IMPRIMERIE CHAIX, RUE BERGÈRE, 20, PARIS. — 1067-1-24. .... (Encre Lorilleux).

COUPE SCHÉMATIQUE.

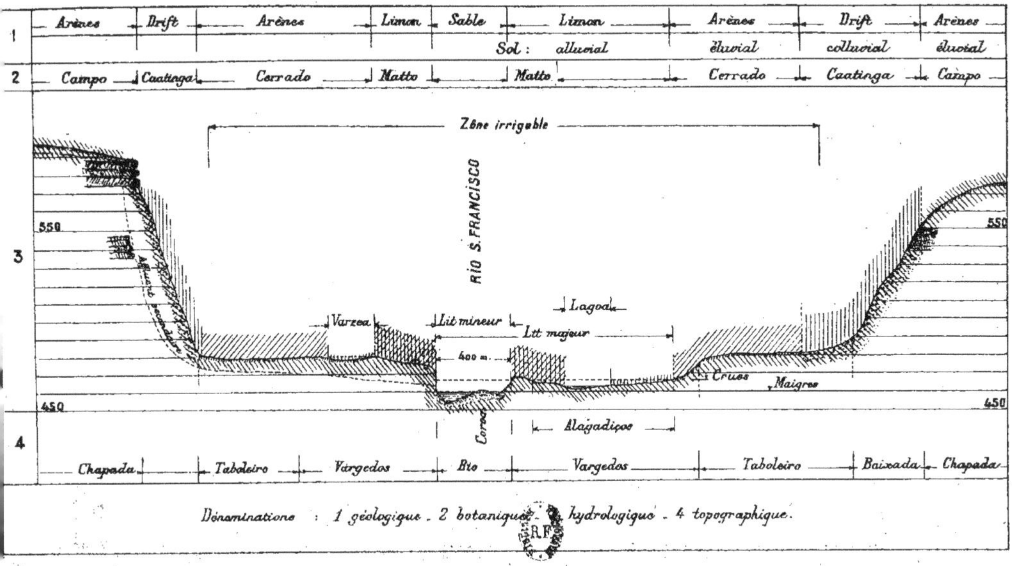

1 — Arènes — Drift — Arènes — Limon — Sable — Limon — Arènes — Drift — Arènes

Sol : alluvial — éluvial — colluvial — éluvial

2 — Campo — Caatinga — Cerrado — Matto — Matto — Cerrado — Caatinga — Campo

Zône irrigable

RIO S. FRANCISCO

550 — 550

450 — 450

Varzea — Lit mineur — Lagoa — Lit majeur — 400 m. — Crues — Maigres — Alagadiços — Coroa

3

4 — Chapada — Taboleiro — Vargedos — Rio — Vargedos — Taboleiro — Baixada — Chapada

Dénominations : 1 géologique - 2 botanique - 3 hydrologique - 4 topographique.

RELIEF DU SOL ET SYSTÈME HYDROLOGIQUE.

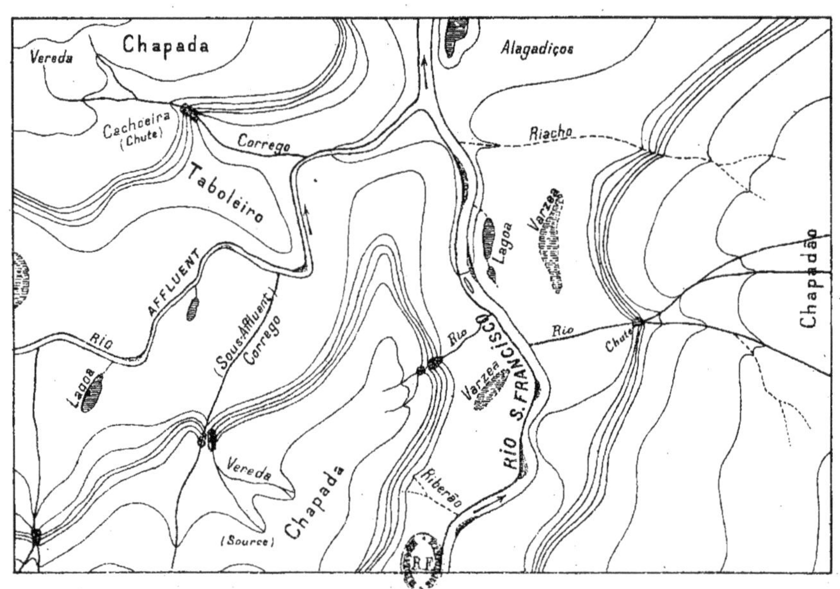

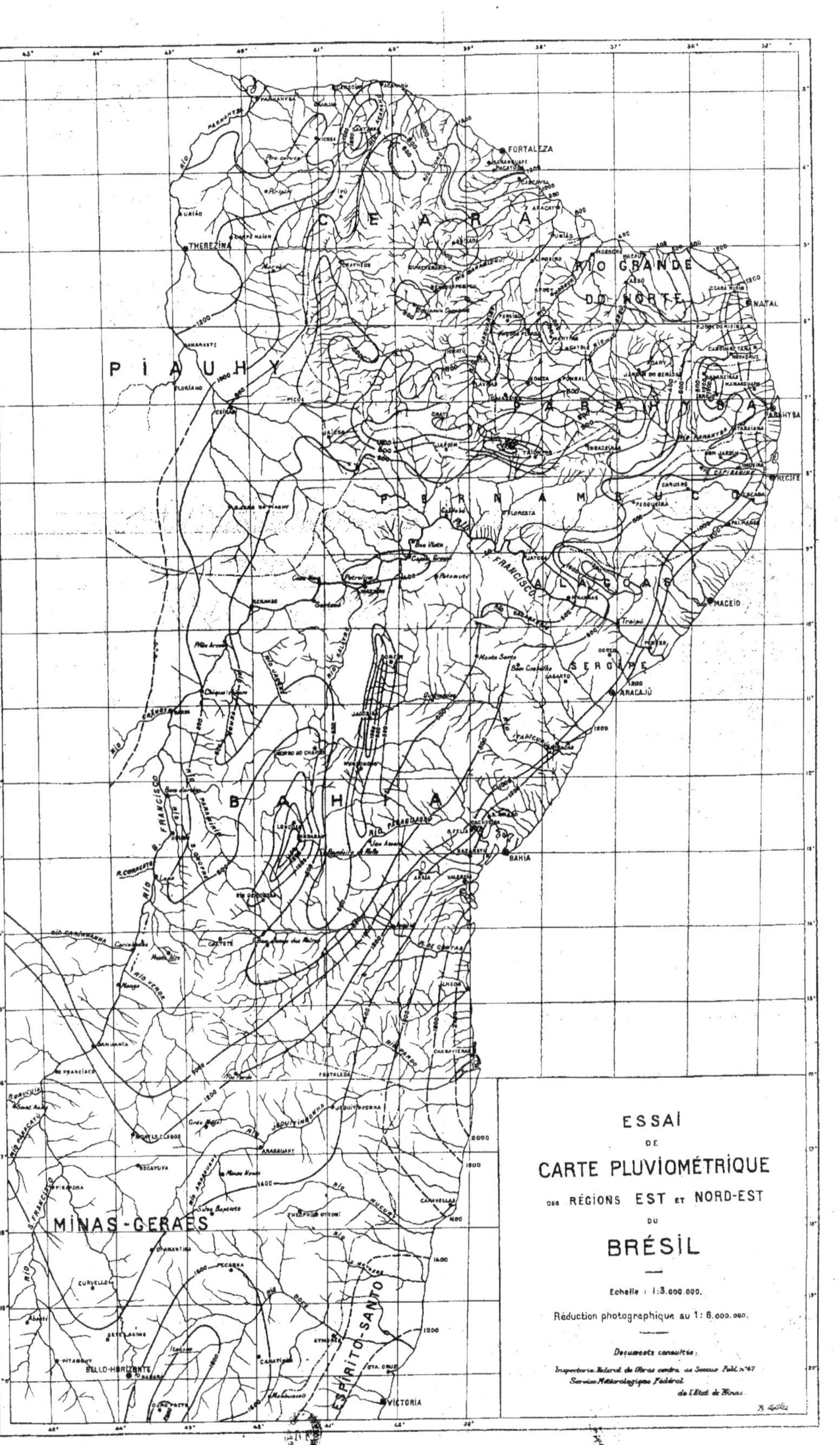

ESSAI
DE
CARTE PLUVIOMÉTRIQUE
DES RÉGIONS EST ET NORD-EST
DU
BRÉSIL
Echelle : 1:3.000.000.
Réduction photographique au 1: 6.000.000.
Documents consultés:
Inspectoria Federal de Obras contra as Seccas Publ. n.º 47
Serviço Metereologico Federal
de l'Etat de Minas
CEARA
RIO GRANDE DO NORTE
PIAUHY
PARAHYBA
PERNAMBUCO
ALAGOAS
SERGIPE
BAHIA
MINAS-GERAES
ESPIRITO-SANTO
FORTALEZA
THEREZINA
NATAL
RECIFE
MACEIO
ARACAJÚ
BAHIA
BELLO-HORIZONTE
VICTORIA

PROFILS en TRAVERS

Rio das Velhas à Guaicuhy

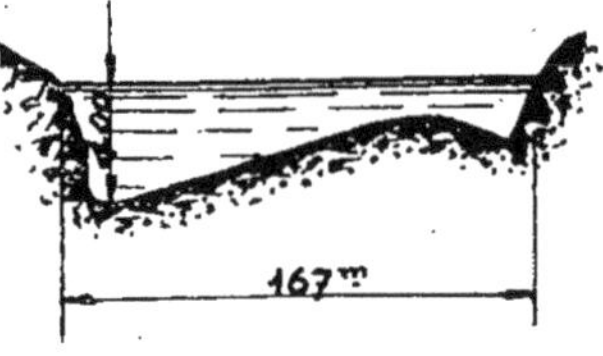

Rio Saõ Francisco à Guaicuhy

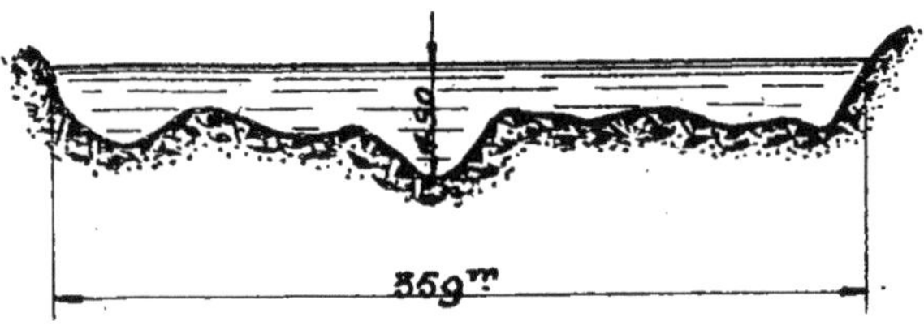

Rio Urucuia à Pedrinhas

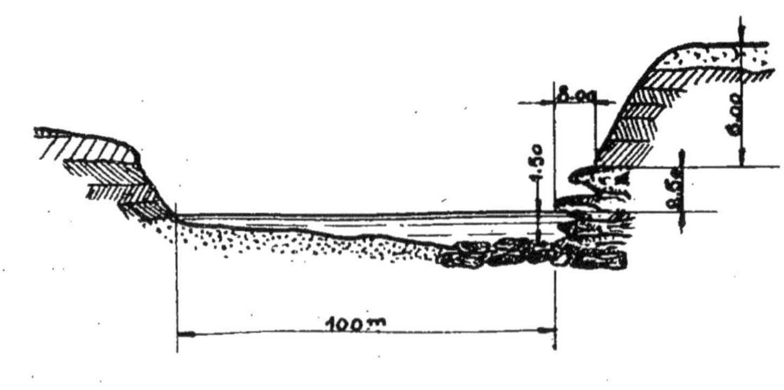

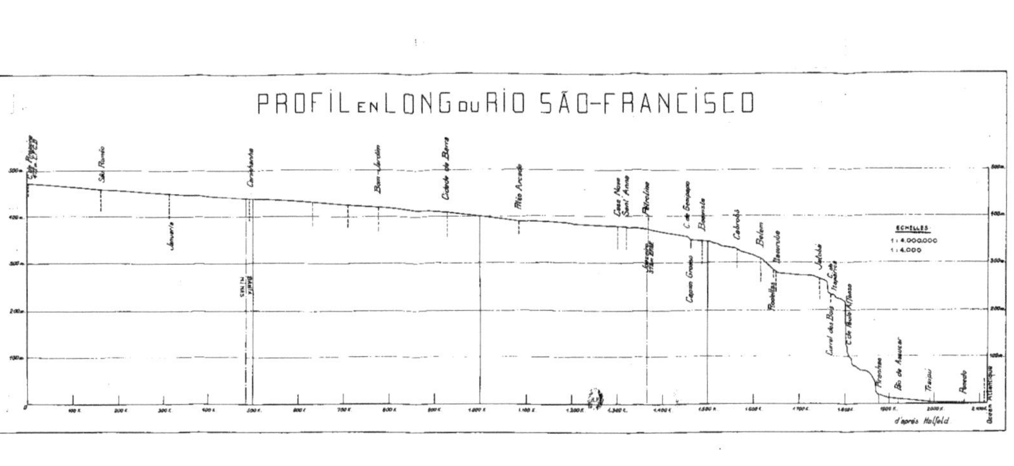

PROFIL EN LONG DU RIO SÃO-FRANCISCO
ECHELLES
1 : 4.000.000
1 : 4.000
d'après Halfeld

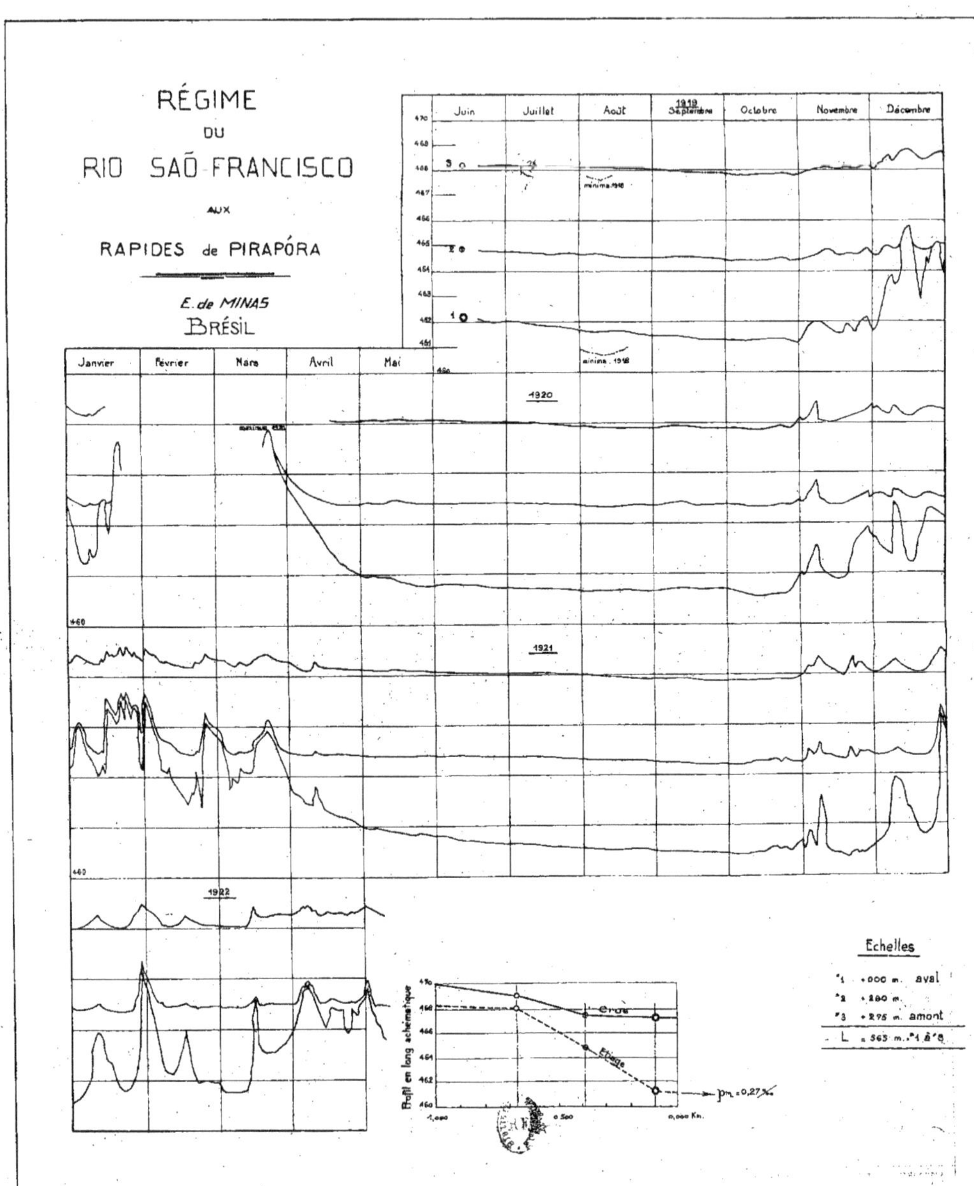

Document dû à l'amabilité du Dr Otavio Barboza Carneiro.

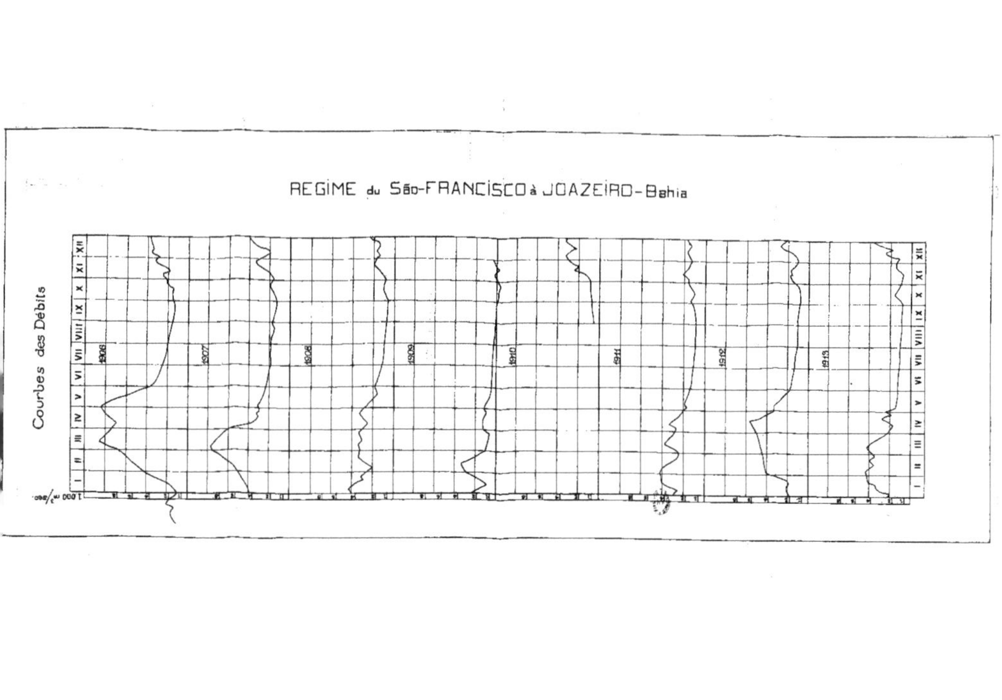

REGIME du São-FRANCISCO à JOAZEIRO-Bahia
Courbes des Débits
1.000 m³/sec.
1906
1907
1908
1909
1910
1911
1912
1913

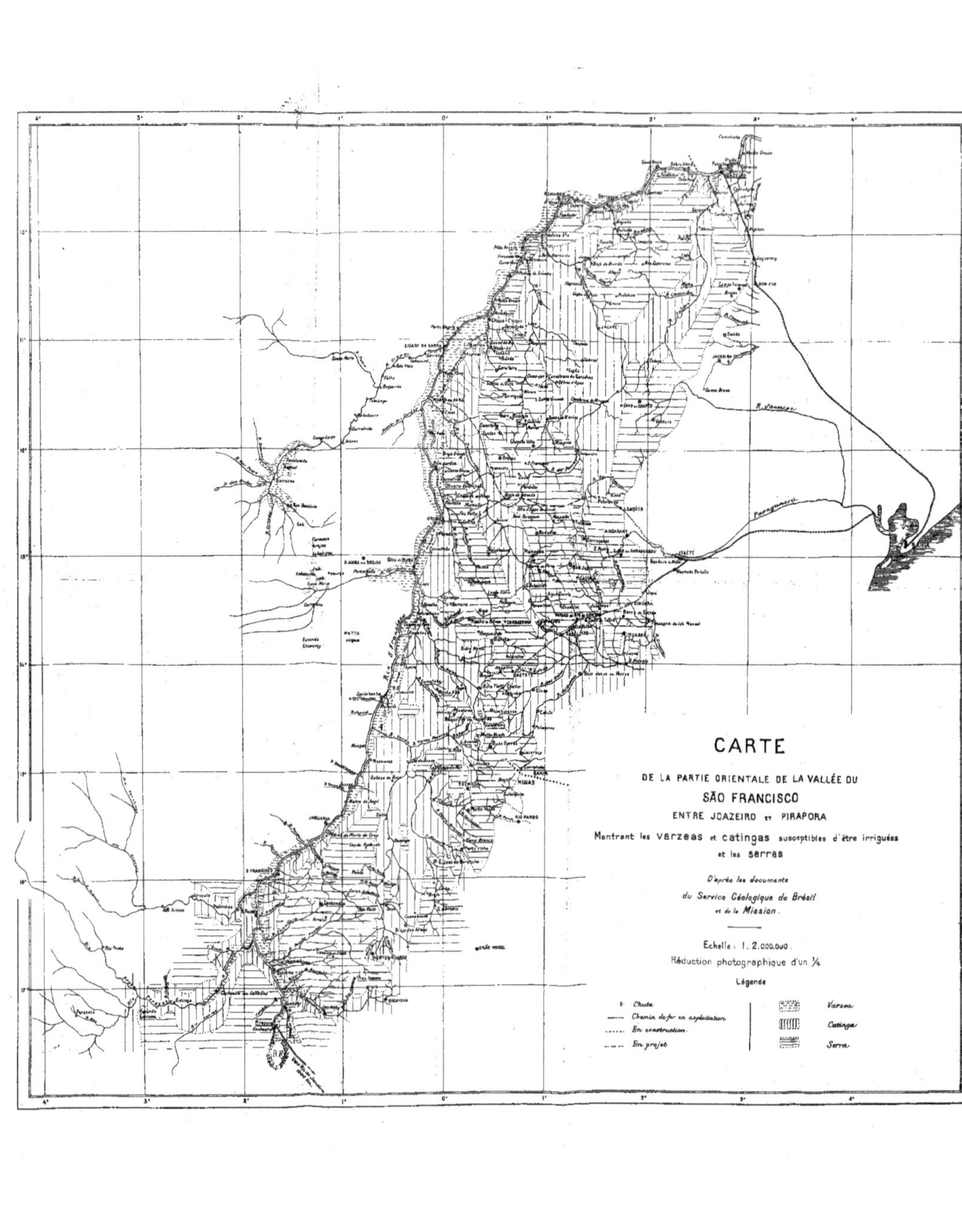

CARTE
DE LA PARTIE ORIENTALE DE LA VALLÉE DU
SÃO FRANCISCO
ENTRE JOAZEIRO ET PIRAPORA
Montrant les varzeas et catingas susceptibles d'être irriguées
et les serras
D'après les documents
du Service Géologique du Brésil
et de la Mission.
Echelle : 1 : 2.000.000.
Réduction photographique d'un ¼
Légende
Chute
Chemin de fer en exploitation
En construction
En projet
Varzea
Catinga
Serra

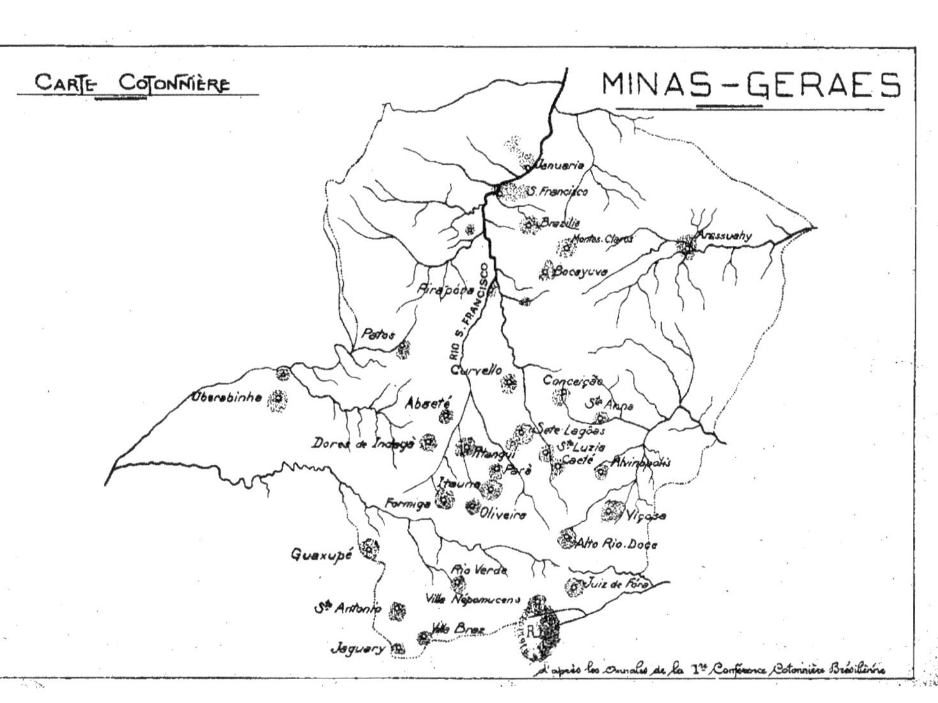

Carte Cotonnière
MINAS-GERAES
Januaria
S. Francisco
Brazilia
Montes Claros
Arassuahy
Bocayuva
Pirapora
RIO S. FRANCISCO
Patos
Curvello
Conceição
Uberabinha
Abaeté
Sta Anna
Dores de Indayá
Sete Lagôas
Sta Luzia
Itangui
Parà
Caeté
Alvinopolis
Itauna
Formiga
Oliveira
Viçosa
Alto Rio Doce
Guaxupé
Rio Verde
Juiz de Fóra
Villa Nepomucena
Sto Antonio
Villa Braz
Jaguary
d'après les Annales de la 1re Conférence Cotonnière Brésilienne

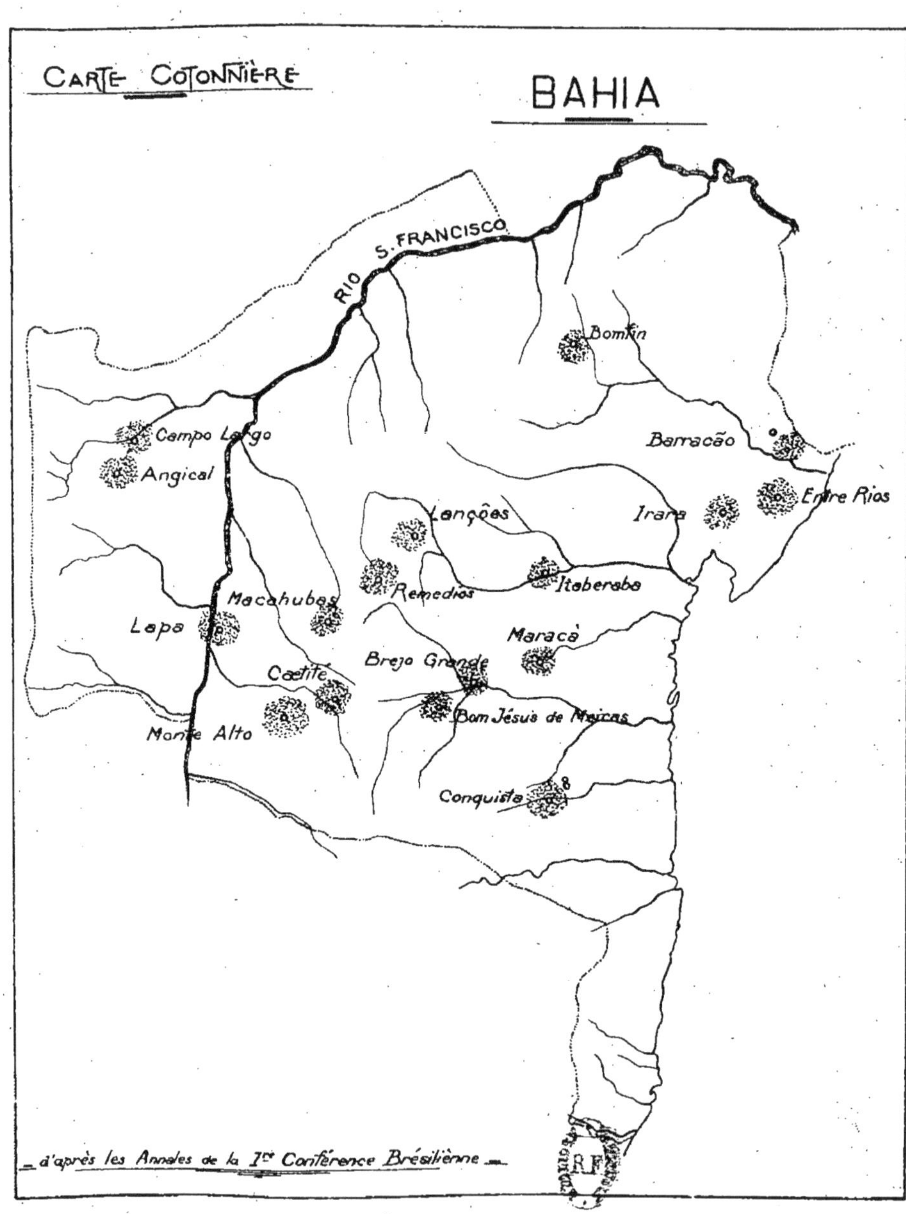

CARTE COTONNIÈRE
BAHIA
RIO S. FRANCISCO
Bomfin
Campo Largo
Angical
Barracão
Entre Rios
Lençoes
Irara
Macahubes
Remedios
Itaberaba
Lapa
Maracà
Caetité
Brejo Grande
Monte Alto
Bom Jésus de Meiras
Conquista
R F
_ d'après les Annales de la I re Conférence Brésilienne _

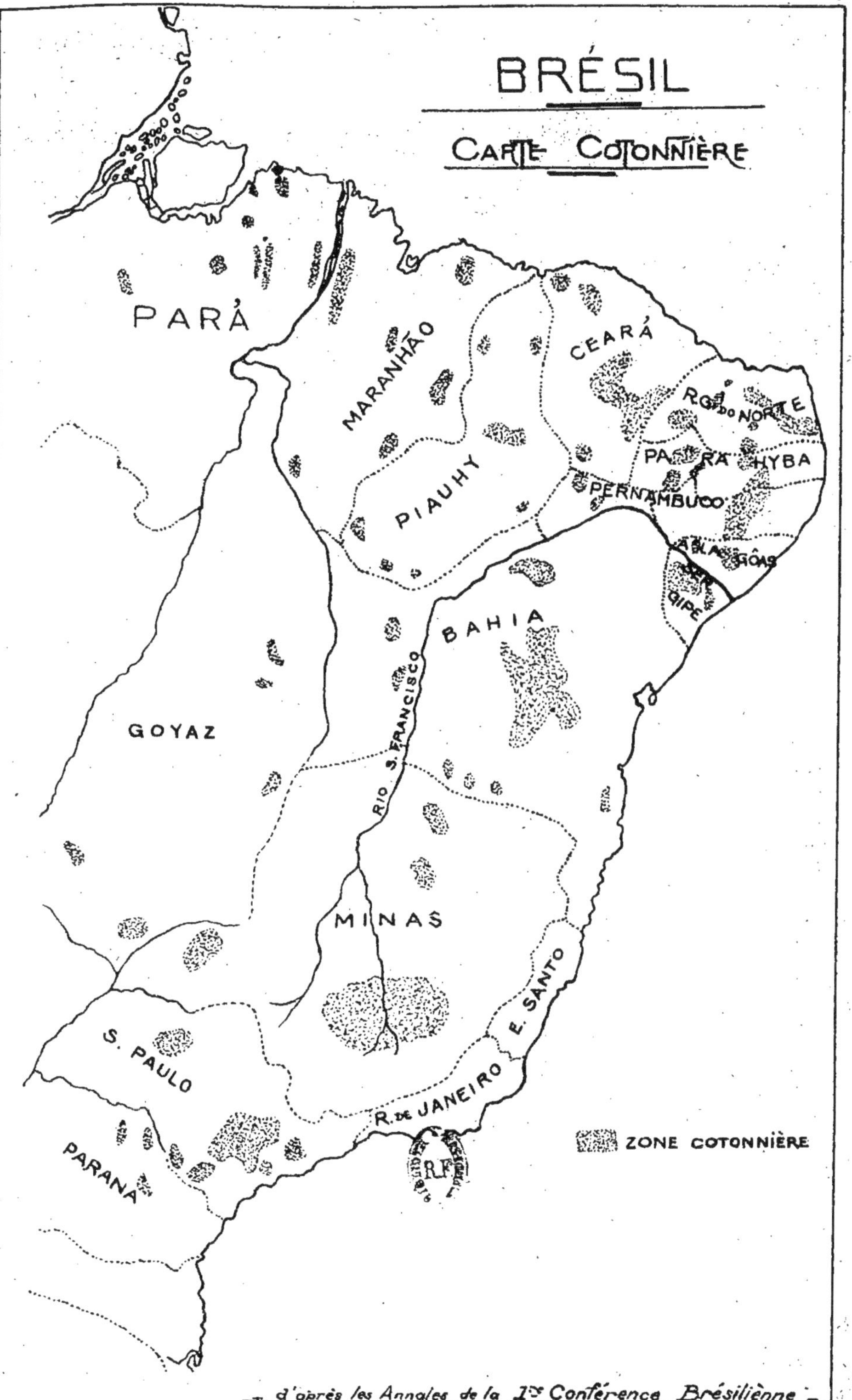

BRÉSIL
CARTE COTONNIÈRE
PARÁ
MARANHÃO
CEARÁ
R. G. do NORTE
PARAHYBA
PIAUHY
PERNAMBUCO
ALAGÔAS
SERGIPE
BAHIA
RIO S. FRANCISCO
GOYAZ
MINAS
E. SANTO
S. PAULO
R. de JANEIRO
R. F.
PARANÁ
ZONE COTONNIÈRE
d'après les Annales de la 1re Conférence Brésilienne